STOFFWECHSELPROBLEME

VORTRÄGE AUS DEM GEBIETE
DER PHYSIO-PATHOLOGIE

GEHALTEN BEI DER ERÖFFNUNG DER
SOMMERUNIVERSITÄT IM PALACIO DE LA MAGDALENA
IN SANTANDER / SPANIEN

VON

PROFESSOR S. J. THANNHAUSER

DR. MED. ET PHIL. / DIREKTOR DER MEDIZINISCHEN KLINIK
FREIBURG I. BR.

MIT 2 ABBILDUNGEN

SPRINGER-VERLAG BERLIN HEIDELBERG GMBH
1934

ISBN 978-3-662-23047-3   ISBN 978-3-662-25012-9 (eBook)
DOI 10.1007/978-3-662-25012-9

MEINEN SPANISCHEN
SCHÜLERN UND DEN ÄRZTEN DER
CASA DI SALUD DE VALDECILLA
ZUGEEIGNET

AUGUST 1933

Inhaltsverzeichnis.

I. Über den Aufbau der pflanzlichen und tierischen Kernsubstanzen und ihren Stoffwechsel.

Der Ort der stärksten Umsetzungen in der Zelle ist der Zellkern. Die letzten Jahre haben gezeigt, daß energieliefernde Prozesse in der Muskulatur aufs engste verknüpft sind mit Substanzen, die mit Phosphorsäure verestern können. Wir gehen wohl nicht fehl, wenn wir den im Zellkern vorgebildeten, kompliziert aufgebauten Phosphorsäureestern, die wir heute gemeinhin als Nucleinsäuren bezeichnen, für den Kernchemismus die allergrößte Bedeutung beimessen.

Die Erkenntnis, daß im Zellkern Phosphorsäureester enthalten sind, geht auf MIESCHER zurück, der erstmals nachwies, daß außer den Lipoiden noch andere phosphorsäurehaltige Verbindungen vorhanden sind. Bevor wir auf die Veränderungen der Nucleinsäuren im Stoffwechsel eingehen, müssen wir uns über den chemischen Aufbau dieser Substanzen klar werden.

ALBRECHT KOSSEL und seine Mitarbeiter haben in der ersten Periode der Nucleinsäureforschung uns die Bausteine dieser Substanzen kennen gelehrt. KOSSEL zeigte, daß zwei Gruppen von Basen in den Nucleinsäuren vorgebildet sind. Die eine Gruppe gehört der Purinreihe an, die andere der Pyrimidinreihe. Die in der Nucleinsäure vorgebildeten Purine sind die Aminopurine Guanin und Adenin,

$$
\begin{array}{ll}
\begin{array}{l}
\text{HN—CO} \\
\quad|\qquad| \\
\text{NH}_2\text{C}\quad\text{C—NH} \\
\quad\|\qquad\|\qquad\quad\diagdown\!\text{CH} \\
\text{N —C —N}\diagup
\end{array}
&
\begin{array}{l}
\text{N}\!=\!\text{C}\cdot\text{NH}_2 \\
\quad|\qquad| \\
\text{HC}\quad\text{C—NH}\diagdown \\
\quad\|\qquad\|\qquad\quad\text{CH} \\
\text{N—C—N}\diagup
\end{array} \\
\qquad\text{Guanin} & \qquad\text{Adenin}
\end{array}
$$

die Pyrimidine Thymin, Cytosin und Uracil,

$$
\begin{array}{lll}
\begin{array}{l}
\text{HN—CO} \\
\quad|\qquad| \\
\text{OC}\quad\text{C}\cdot\text{CH}_3 \\
\quad|\qquad\| \\
\text{HN—CH}
\end{array}
&
\begin{array}{l}
\text{N}\!=\!\text{C}\cdot\text{NH}_2 \\
\quad|\qquad| \\
\text{OC}\quad\text{CH} \\
\quad|\qquad\| \\
\text{HN —CH}
\end{array}
&
\begin{array}{l}
\text{HN—CO} \\
\quad|\qquad| \\
\text{OC}\quad\text{CH} \\
\quad|\qquad\| \\
\text{HN — CH}
\end{array} \\
\quad\text{Thymin} & \quad\text{Cytosin} & \quad\text{Uracil}
\end{array}
$$

wobei es fraglich ist, ob das Uracil wirklich vorgebildet ist oder erst bei der Aufarbeitung aus dem Cytosin durch Desamidierung entsteht.

Schon frühzeitig erkannte man, daß in den Nucleinsäuren ein Kohlehydratkomplex vorgebildet ist, aber erst durch die Untersuchungen von LEVENE wurde eine d-Ribose aus Derivaten der *pflanzlichen* Nucleinsäure isoliert und identifiziert. Man erkannte schon vorher, daß die aus *tierischen* Kernen gewonnene Nucleinsäure einen anderen Zucker enthalte als die pflanzliche Nucleinsäure. Die Verschiedenheit der Zuckerkomponente blieb zunächst das wesentliche Unterscheidungsmerkmal zwischen tierischer und pflanzlicher Nucleinsäure, obgleich die Natur des in der tierischen Nucleinsäure vorgebildeten Zuckers trotz aller Isolierungsversuche unbekannt blieb. Erst in neuester Zeit konnten LEVENE und MORI erweisen, daß der in der tierischen Nucleinsäure vorgebildete Zucker eine Desoxypentose ist.

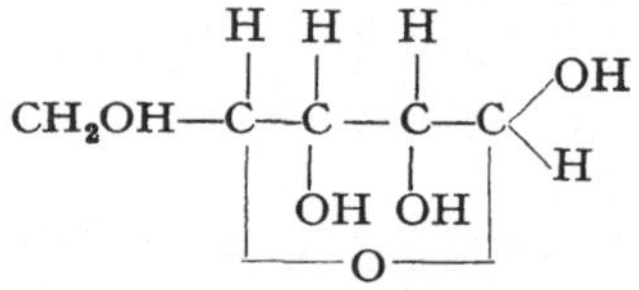

$$CH_2OH-\overset{\overset{\displaystyle H}{|}}{C}-\overset{\overset{\displaystyle H}{|}}{\underset{\underset{\displaystyle OH}{|}}{C}}-\overset{\overset{\displaystyle H}{|}}{\underset{\underset{\displaystyle OH}{|}}{C}}-C\diagup^{OH}_{\diagdown H}$$

d — Ribose

$$HO{\diagdown\atop H\diagup}C-\overset{\overset{\displaystyle H}{|}}{\underset{\underset{\displaystyle H}{|}}{C}}-\overset{\overset{\displaystyle OH}{|}}{\underset{\underset{\displaystyle H}{|}}{C}}-\overset{\overset{\displaystyle OH}{|}}{\underset{\underset{\displaystyle H}{|}}{C}}-CH_2$$

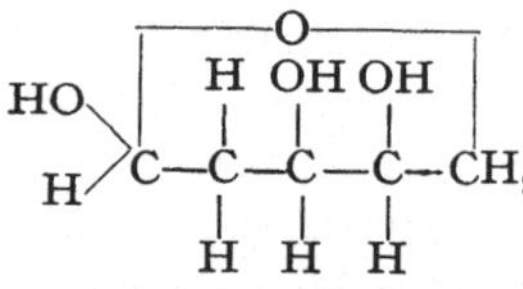

Desoxypentose

Im ganzen tierischen Kohlehydratstoffwechsel ist bisher ein derartiger Zucker unbekannt, er scheint lediglich in der Kernsubstanz vorzukommen und dürfte eine ganz besondere physiologische Bedeutung haben.

In den Nucleinsäuren ist die Phosphorsäure esterartig mit dem Kohlehydrat verknüpft. Die Esterbindung der Phosphorsäure am Kohlehydrat kann an der endständigen CH_2-Gruppe, aber auch an einer der anderen OH-Gruppen vor sich gehen. Die Purine sind mit dem Zucker glucosidisch verknüpft. LEVENE und JAKOBS isolierten erstmals die Puringlucoside Guanosin und Adenosin durch milde ammoniakalische Hydrolyse aus der Hefenucleinsäure. Die glucosidische Bindung ist nach den Untersuchungen von FISCHER und HELFERICH am 7er-N des Purins anzunehmen.

$$HN-CO \quad \overset{O}{\overbrace{OH\ OH}} $$
$$H_2NC \quad C-N \diagdown_{CH} \quad C-C-C-C-CH_2OH \qquad \text{Guanosin}$$
$$N-C-N \diagup \quad H\ H\ H\ H$$

$$N=CNH_2 \quad \overset{O}{\overbrace{OH\ OH}}$$
$$HC \quad C-N \diagdown_{CH} \quad C-C-C-C-CH_2OH \qquad \text{Adenosin.}$$
$$N-C-N \diagup \quad H\ H\ H\ H$$

In gleicher Weise gelang es Levene und Jakobs auch, die entsprechenden Pyrimidinglucoside Uridin und Cytidin darzustellen.

$$HN-CO \qquad\qquad\qquad\qquad N=CNH_2$$
$$H\ H\ H\ HOC\ CH \qquad\qquad H\ H\ H\ HOC\ C$$
$$HOH_2C-C-C-C-C-N-CH \qquad HOH_2C-C-C-C-C-N-CH$$
$$OH\ OH \qquad\qquad\qquad\qquad OH\ OH$$
$$\underline{\quad O\quad} \qquad\qquad\qquad\qquad \underline{\quad O\quad}$$
$$\text{Uridin} \qquad\qquad\qquad\qquad\qquad \text{Cytidin}$$

Die den einfachen Purin- und Pyrimidinglucosiden entsprechenden Nucleinsäuren, Nucleotide genannt, waren lange Zeit nicht darstellbar. Liebig hatte zwar schon im Jahre 1847 aus dem Fleischextrakt ein krystallisiertes Bariumsalz einer Säure, die er Inosinsäure nannte, erhalten, aber erst durch die Untersuchungen von Levene konnte gezeigt werden, daß die Inosinsäure den Typ des einfachen Nucleotids darstellt, indem hier an das Hypoxanthin der Zucker glucosidisch gebunden ist und die Phosphorsäure an der endständigen Kohlehydratgruppe verestert ist.

$$HO \diagdown \qquad H_2\ H\ H\ H\ H \qquad\quad OC-NH$$
$$O=P-O\cdot C-C-C-C-C-N-C\ CH$$
$$HO \diagup \qquad\quad OH\ OH\ |HC\diagdown \quad \|\ \|$$
$$\underline{\quad O\quad} \qquad N-C-N$$
$$\text{Inosinsäure}$$

Hiermit war gleichzeitig erwiesen, daß im Muskelextrakt eine einfache Nucleinsäure vorkommt. Heute wissen wir, daß diese einfache Nucleinsäure nicht als Hypoxanthin-

phosphorsäure, sondern als Adenosinphosphorsäure im Muskel
vorgebildet ist. Durch die Untersuchungen von LOHMANN
wurde festgestellt, daß im Muskelextrakt sowohl die einfache
Adenosinphosphorsäure wie auch eine Adenosinpyrophosphor-
säure vorkommt, welche mit dem Muskelstoffwechsel in
engstem Zusammenhang steht.

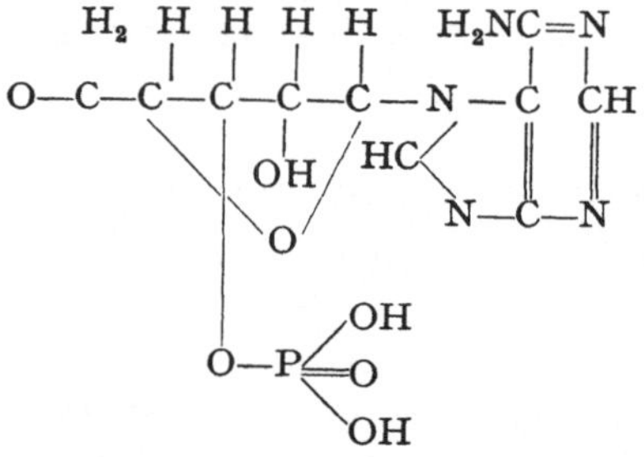

$$
\begin{array}{l}
\text{H}_2 \ \ \text{H} \ \ \text{H} \ \ \text{H} \ \ \text{H} \qquad \text{H}_2\text{NC}=\text{N} \\
\text{O}-\text{C}-\text{C}-\text{C}-\text{C}-\text{C}-\text{N}-\text{C}\quad\text{CH} \\
\qquad\qquad\quad \text{OH}\quad \text{HC} \\
\qquad\qquad\qquad\quad \text{O} \qquad \text{N}-\text{C}-\text{N} \\
\qquad\qquad \text{O}-\text{P}=\text{O} \quad \text{OH} \\
\qquad\qquad\qquad \text{OH}
\end{array}
$$

Adenosinphosphorsäure (Hefe)

Durch neuere Arbeiten, besonders durch die Reaktion von
PARNAS und KLIMEK ist klargestellt, daß die Pyrophosphor-
säure mit dem endständigen Kohlenstoff verestert ist, da nur
diese Säure mit Kupfersalzen Komplexsalze geben kann,
während die Adenylsäure aus Hefe kein Komplexsalz bildet.

Auch im Pankreas wurde ein einfaches Nucleotid, die
Guanylsäure, isoliert, die in ihrem Aufbau, vor allen Dingen
in ihrem Kohlehydrat, von LEVENE als Ribosid erkannt
wurde.

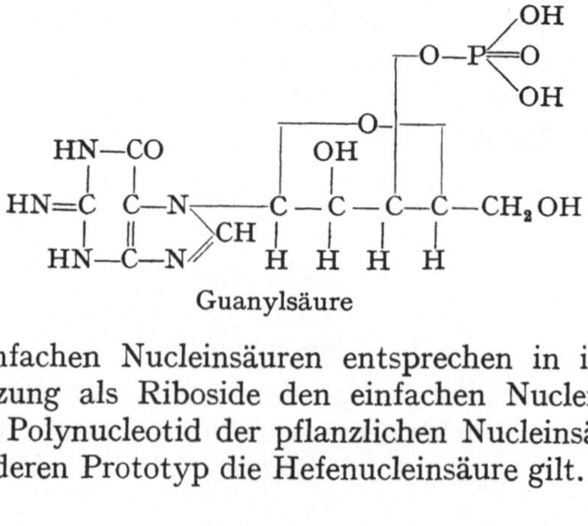

$$
\begin{array}{l}
\qquad\qquad\qquad\qquad\qquad \text{O}-\text{P}=\text{O} \quad \text{OH} \\
\text{HN}-\text{CO} \qquad\qquad \text{OH} \\
\text{HN}=\text{C}\quad\text{C}-\text{N} \qquad \text{C}-\text{C}-\text{C}-\text{C}-\text{CH}_2\text{OH} \\
\text{HN}-\text{C}-\text{N}\quad\text{CH} \quad \text{H}\ \ \text{H}\ \ \text{H}\ \ \text{H}
\end{array}
$$

Guanylsäure

Diese einfachen Nucleinsäuren entsprechen in ihrer Zusammensetzung als Riboside den einfachen Nucleinsäuren,
welche das Polynucleotid der pflanzlichen Nucleinsäure aufbauen, als deren Prototyp die Hefenucleinsäure gilt. THANN-

HAUSER, LEVENE und JONES gelang es dann auch, die pflanzlichen Polynucleotide in einfache Purin- und Pyrimidinnucleotide zu zerlegen. Durch diese Arbeiten ist erwiesen, daß das Polynucleotid der pflanzlichen Nucleinsäure aus einfachen Nucleotiden zusammengesetzt ist. Über die derzeitige Anschauung der Formulierung der Struktur der pflanzlichen Nucleotidkomplexe soll später gesprochen werden.

Als wir versuchten, die an der Hefenucleinsäure erprobten analytischen Methoden auf die tierische Nucleinsäure, das heißt auf die aus den Kernen der Thymus gewonnenen Nucleinsäure anzuwenden, versagten die Methoden der milden ammoniakalischen Hydrolyse vollständig, während die Anwendung stärker alkalischer und saurer Agenzien zur vollständigen Zerstörung des Moleküls führte. Die Ursache dieses Mißerfolges ist die Verschiedenheit des in der tierischen und pflanzlichen Nucleinsäure vorgebildeten Kohlehydrats. Das in der tierischen Nucleinsäure vorgebildete Kohlehydrat wird auch bei ganz milder saurer Hydrolyse zerstört, während die milde ammoniakalische Hydrolyse das Polynucleotid der tierischen Nucleinsäure im Gegensatz zur Hefenucleinsäure vollständig aufspaltet. Die von KOSSEL gemachte Feststellung, daß bei starker schwefelsaurer Hydrolyse aus der tierischen Nucleinsäure Lävulinsäure *und* Ameisensäure entstehen, ließ lange die Ansicht bestehen, daß eine Hexose in der tierischen Nucleinsäure vorgebildet ist. THANNHAUSER und ANGERMANN erhielten unter Anwendung der KOSSELschen Vorschriften lediglich Lävulinsäure aber keine Ameisensäure. Diese Diskrepanz konnte erst aufgeklärt werden, nachdem es durch fermentative Hydrolyse gelang, auch aus der tierischen Nucleinsäure krystallisierte Nucleoside präparativ herzustellen. LEVENE und seine Mitarbeiter einerseits konnten durch Hydrolyse mit Darmfistelsaft, THANNHAUSER und seine Mitarbeiter durch Hydrolyse mit einer aus Darmschleimhaut dargestellten Phosphatase die entsprechenden Purin- und Pyrimidinnucleoside auch aus tierischer Nucleinsäure gewinnen. LEVENE und MORI gelang es weiter durch Aufspaltung des aus tierischer Nucleinsäure gewonnenen Guanosins den vorgebildeten Zucker als eine Desoxypentose zu isolieren. Die Desoxypentose ist gegen alkalische und saure

Agenzien außerordentlich unbeständig und verharzt ihrer Aldehydnatur entsprechend besonders leicht.

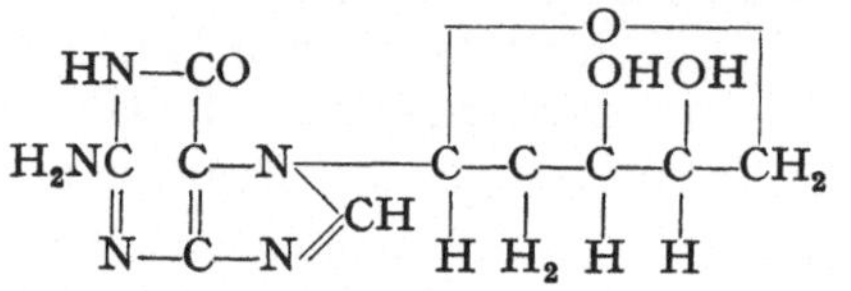

$$\text{Guanosin als Desoxypentose}$$

Mit diesem Befunde eines Desoxypentosids war erklärt, warum bei der Säurespaltung nur Lävulinsäure entstehen kann. Es ist auch begreiflich, warum bei einem so labilen Zucker wie die Desoxypentose die chemische Hydrolyse mit Säuren und Alkalien zum Mißerfolg verurteilt war und nur die fermentative Hydrolyse die Aufklärung des in der tierischen Nucleinsäure vorgebildeten Kohlehydrats bringen konnte. Gleichzeitig zeigen aber diese Versuche, daß die Verschiedenheit der in den tierischen Kernen vorgebildeten Nucleinsäure von der in den Pflanzen vorgebildeten Nucleinsäure in einer stofflichen Verschiedenheit des Kohlehydrats zu suchen ist. Es bleibt aber noch eine offene Frage, inwieweit außer dieser stofflichen Verschiedenheit noch ein Unterschied in der chemischen Zusammensetzung des Polynucleotidkomplexes der tierischen und pflanzlichen Nucleinsäure vorhanden ist.

Um diese Frage zu klären, versuchten KLEIN und THANNHAUSER eine fermentative Spaltung der tierischen Nucleinsäure derartig auszuführen, daß die Phosphorsäure aus dem Nucleotidkomplex nicht abgespalten wird, sondern lediglich im Polynucleotidkomplex die Bindungen, welche die Nucleotide am Phosphorsäurerest verbinden, gelöst werden. Vergiftete man im Fermentversuch mit Phosphatase die Phosphatasewirkung mit arseniger Säure, so wird keine Phosphorsäure abgespalten, aber es erweist sich die Gegenwart eines zweiten Fermentes, das wir *Nucleinase* genannt haben, das lediglich die Phosphorsäurebindungen untereinander im Polynucleotidkomplex löst. Auf diese Weise ist es THANNHAUSER und KLEIN gelungen, die Purinmononucleotide aus tierischer Nucleinsäure zu erhalten und zunächst Desoxyguanylsäure und Desoxyadenylsäure als krystallisierte Substanzen zu erhalten.

Die fermentative Bildung der Ribodesoseguanylsäure aus Thymusnucleinsäure ist ein erster vollgültiger Beweis, daß die tierischen Nucleinsäuren ebenfalls aus Mononucleotiden aufgebaut sind. Für die Bindung der Mononucleotide im Polynucleotidkomplex glaubten *wir* eine Anhydridbindung der Phosphorsäure annehmen zu müssen, während LEVENE die Mononucleotide durch Phosphorsäureesterbindung verbindet.

$$O\!\!=\!\!P\!-\!O\!-\!Guanosin$$
$$O\!\!=\!\!P\!-\!O\!-\!Adenosin$$
$$O\!\!=\!\!P\!-\!O\!-\!Cytidin$$
$$O\!\!=\!\!P\!-\!O\!\!-\!\!Uridin$$

Tierisches Polynucleotidmolekül in Anhydridbindung

$$O\!\!=\!\!P\!-\!O\!-\!C_5H_7O_2 \cdot C_5H_4N_5O$$
$$O\!\!=\!\!P\!-\!O \cdot C_5H_7O_2 \cdot C_4H_4N_3O$$
$$O\!\!=\!\!P\!-\!O\!-\!C_5H_7O_2 \cdot C_4H_4N_2O_2$$
$$O\!\!=\!\!P\!-\!O \cdot C_5H_7O_2 \cdot C_5H_4N_5$$

Tierisches Polynucleotidmolekül in Esterbindung

LEVENE glaubt, daß die Bindung der Nucleotide untereinander für Hefe- und Thymusnucleinsäure identisch ist. Wir können aber experimentelle Daten anführen, daß markante Unterschiede zwischen tierischer und pflanzlicher Nucleinsäure, das heißt zwischen Thymus- und Hefenucleinsäure bestehen. Durch milde Alkaliwirkung wird die Hefenucleinsäure in Mononucleotide zerlegt, Thymusnucleinsäure bleibt hierbei unverändert. Diesem Gegensatz des chemischen Verhaltens bei milder alkalischer Hydrolyse entspricht ein gleicher Gegensatz der beiden Polynucleotide in der Spaltbarkeit durch Fermente. Die fermentative Nucleotidbildung aus Thymusnucleinsäure geht nach unseren Versuchen in zwei Etappen vor sich: 1. Depolymerisation des Polynucleotidkomplexes in Mononucleotide durch Wirkung der von KLEIN isolierten Thymonucleinase, 2. in der Dephosphorylierung durch eine Phosphatase. Die Hefenucleinsäure geht schon bei einem p_H von 8,8, wie wir es im Darmsaft vorfinden, in Mononucleotide auseinander. Es ist durchaus nicht erwiesen, ob für die pflanzlichen Nucleinsäuren im Stoffwechsel eine fermentative Depolymerisierung, eine Nucleinase, notwendig ist. Für die Thymusnucleinsäure ist eine Spaltbarkeit lediglich durch eine Alkalität bei p_H 8,8 nicht möglich. Vergleicht man die Einwirkung der von uns aus Darmschleimhaut hergestellten Phosphatase auf die tierische und pflanzliche Nucleinsäure, so wirkt die Phosphatase auf Thymusnucleinsäure viel rascher als auf Hefenucleinsäure. Andererseits konnten LEVENE und DILLON zeigen, daß Darmfistelsaft von Hunden auf die Hefenucleinsäure rascher einwirkt als auf die Thymusnucleinsäure. Aus beiden Ergebnissen der fermentativen Spaltbarkeit des Polynucleotidkomplexes der tierischen und pflanzlichen Nucleinsäure kann aber mit Sicherheit geschlossen werden, daß die Verschiedenheit der fermentativen Spaltbarkeit der pflanzlichen und tierischen Nucleotide auf einer Verschiedenheit der Bindung der im Polynucleotid vorgebildeten Mononucleotide beruht.

In neuester Zeit hat TAKAHASHI eine ringförmige Struktur für die Hefenucleinsäure aufgestellt.

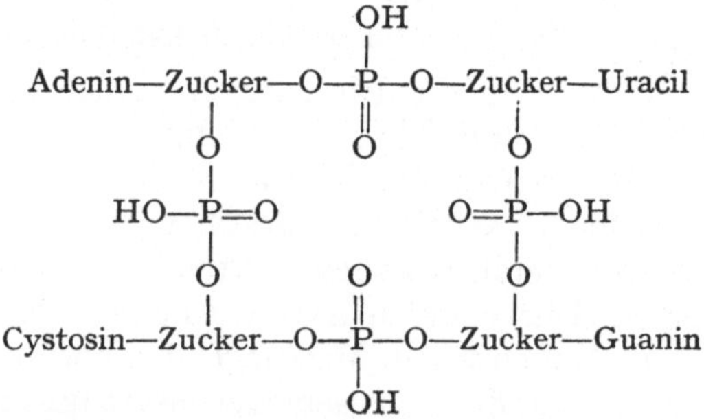

$$
\begin{array}{c}
\text{OH} \\
|\\
\text{Adenin—Zucker—O—P—O—Zucker—Uracil} \\
|\quad\quad\ ||\quad\quad\ | \\
\text{O}\quad\quad\ \text{O}\quad\quad\ \text{O} \\
|\quad\quad\quad\quad\quad\quad\ | \\
\text{HO—P=O}\quad\quad\text{O=P—OH} \\
|\quad\quad\quad\quad\quad\quad\ | \\
\text{O}\quad\quad\ \text{O}\quad\quad\ \text{O} \\
|\quad\quad\ ||\quad\quad\ | \\
\text{Cystosin—Zucker—O—P—O—Zucker—Guanin} \\
| \\
\text{OH}
\end{array}
$$

Diese Formulierung der Hefenucleinsäure beruht auf den

Versuchen von UZAWA, der eine Trennung der Phosphatase in Mono- und Diesterase beschreibt und die getrennte Mono- und Diesterase auf die Hefenucleinsäure einwirken läßt. KLEIN und ROSSI haben diese Untersuchungen in meinem Laboratorium auf breiterer Basis nachgeprüft. Sie konnten die Ergebnisse TAKAHASHIs und UZAWAs aber in keiner Weise bestätigen. Es fehlt dieser an sich ansprechenden Formel vorläufig die experimentelle Begründung. Ein endgültiges Ergebnis über die Bindungsart im Polynucleotidkomplex dürfte erst die Synthese dieser Verbindungen zeitigen.

Die chemische Synthese der Purine wurde schon zu Anfang des Jahrhunderts durch die klassischen Arbeiten von EMIL FISCHER durchgeführt. Die Pyrimidine synthetisierte T. B. JOHNSON. Puringlucoside versuchte HELFERICH aufzubauen. Es gelang diesem Forscher wohl im Reagensglas Puringlucoside herzustellen, es konnten aber bisher weder die pflanzlichen noch die tierischen Nucleinsäureglucoside nachgebildet werden. So wichtig die Synthese der Purine im Reagensglas für die Charakterisierung der Substanzen gewesen ist, so wenig konnte sie uns den Weg zeigen, den der Organismus beschreitet, um den aus einem 3-C-Skelet und zwei Harnstoffresten bestehenden Purinring zu bilden.

Wir müssen bei der tierischen Purinsynthese zwei grundverschiedene Ziele unterscheiden. Alle Organismen gebrauchen die Purinsynthese, um ihre Kernsubstanz aufzubauen. Die Vögel aber synthetisieren nicht nur zu diesem Zweck. Sie scheiden das bei dem Abbau N-haltigen Nahrungsmaterials entstehende Ammoniak nicht als Harnstoff, sondern als Harnsäure aus. Dieser Ausscheidungsmechanismus bei den Vögeln hat die Harnsäuresynthese zur Voraussetzung. Es ist erklärlich, daß alle Untersucher, welche die Purinsynthese im Organismus zur Fragestellung nahmen, diesen letzteren, dem experimentellen Versuch leichter zugänglichen Weg der Purinsynthese bei den Vögeln als Modellversuch benutzten.

MINKOWSKI zeigte, daß entleberte Gänse nur mehr Spuren von Harnsäure ausscheiden, und daß bei diesen nunmehr milchsaures Ammonium an Stelle der Harnsäure in den

Exkreten auftritt. MINKOWSKI und später auch WIENER glauben, daß die Synthese der Harnsäure in der Vogelleber sich aus zwei Molekülen Harnstoff und einem Molekül Tartronsäure über die Dialursäure vollziehe.

$$
\begin{array}{ccc}
& \text{COOH} & \text{NH--CO} \\
\text{NH}_2 & | & |\quad| \\
\text{C}{=}\text{O} \;+\; \text{CHOH} & \longrightarrow & \text{CO}\quad\text{CHOH} + 2\text{H}_2\text{O} \\
\text{NH}_2 & | & |\quad| \\
& \text{COOH} & \text{NH--CO}
\end{array}
$$

$$\text{Harnstoff} + \text{Tartronsäure} \longrightarrow \text{Dialursäure}$$

$$
\begin{array}{ccc}
\text{NH--CO} & & \text{HN--CO} \\
|\quad| & \text{NH}_2 & |\quad| \\
\text{CO}\quad\text{CHOH} + \text{C}{=}\text{O} & \longrightarrow & \text{OC}\quad\text{C--NH} \\
|\quad| & \text{NH}_2 & |\quad|\quad\quad\!\!\text{CO} \\
\text{HN--CO} & & \text{HN--C--NH}
\end{array}
$$

$$\text{Dialursäure} + \text{Harnstoff} \longrightarrow \text{Harnsäure}$$

KREBS und HENSELEIT konnten an meiner Klinik in einer großen Untersuchungsreihe nachweisen, daß nur diejenigen Lebern Harnstoff bilden können, bei denen Arginin und Arginase vorhanden ist. In der Vogelleber fehlt die Arginase. Sie ist zur Harnstoffbildung nicht befähigt und muß aus diesem Grunde das anfallende Ammoniak zu einem anderen Schlackenprodukt synthetisieren. Dieser experimentelle Befund läßt die Überlegung nicht mehr zu, daß die Purinsynthese in der Vogelleber über zwei Moleküle Harnstoff und einem 3-C-Skelet gehen kann. KREBS und BENZINGER zeigten ferner, daß auch bei Zusatz von Harnstoff die Harnsäurebildung in der Vogelleber nicht ansteigt. Diese Untersucher erwiesen in weiteren Versuchen, die auch inzwischen von SCHULER bestätigt wurden, daß die Vogelleber den Purinring, die Harnsäure nicht selbständig bildet, sondern daß zu der Purinsynthese aus Ammoniak und dem 3-C-Skelet Leber *und* Niere nötig sind. Über die Zwischenprodukte, die bei dieser Synthese auftreten, wissen wir noch gar nichts. Wir können lediglich sagen, daß die Harnsäuresynthese im Vogelorganismus sich nicht über Harnstoff vollzieht. Inwieweit die zu formativen Zwecken benötigte Purinsynthese im Säugetierorganismus diesen oder einen anderen Weg geht, haben bisher keine experimentellen Untersuchungen ergeben. Die von ACKROYD und HOPKINS bei Versuchen an Ratten gemachten Beobachtungen, daß arginin-

und histidinfrei ernährte Ratten eine verminderte Allantoin-
ausscheidung zeigen, machten es wahrscheinlich, daß Arginin
und Histidin die Muttersubstanzen des Allantoin und der
Purine seien. GYÖRGY und THANNHAUSER wiesen aber an
arginin- und histidinfrei ernährten Säuglingen nach, daß
bei diesen ein Wachstum festzustellen ist, und daß die
Harnsäureausscheidung nicht zurückgeht. Wenngleich wir
den Weg der Harnsäuresynthese im Säugetierorganismus nicht
kennen, so muß als sicher angenommen werden, daß eine
Synthese der Nucleinsubstanzen sowohl im wachsenden wie
auch im erwachsenen Organismus stattfindet, und daß der
Mensch nicht auf die exogene Zufuhr von Nucleinsubstanzen
zum Aufbau seiner Zellkerne angewiesen ist.

Gehen wir nun auf die Veränderungen der mit der Nahrung
zugeführten Nucleinsäuresubstanzen im Magendarmkanal und
im intermediären Stoffwechsel ein, so ist festzustellen, daß
die Abdauung des Eiweißanteils in den Nucleinen erst in den
oberen Darmabschnitten durch die eiweißabspaltenden
Fermente vollständig ist. Die Nucleotidkomplexe aus der
Nahrung unterliegen erst im Dünndarm einer fermentativen
Einwirkung. Die pflanzlichen Nucleinsäuren von Typus des
Hefepolynucleotids werden nach den Untersuchungen von
THANNHAUSER und DORFMÜLLER hier in einfache Nucleinsäuren zerlegt. Die mit neuer Fermentmethodik ausgeführten
Versuche meiner Mitarbeiter KLEIN, F. BIELSCHOWSKY und
F. KLEMPERER zeigen, daß außer den einfachen Nucleotiden in
den oberen Darmabschnitten in größeren Mengen Purin- und
Pyrimidinnucleoside durch die Einwirkung einer Nucleophosphatase entstehen. In ähnlicher Weise wird auch die
tierische Nucleinsäure vom Typus der Thymusnucleinsäure
in den oberen Darmabschnitten aufgespalten. Mein Mitarbeiter KLEIN konnte zeigen, daß hier zwei Fermente wirksam sind, von denen das eine eine Nucleinase die tierischen
Nucleinsäuren in einfache Nucleotide zerlegt, und das andere,
eine Nucleophosphatase, den Phosphorsäurekomplex ab-
spaltet. Es wurden bisher von einfachen Purinnucleotiden
Desoxyguanylsäure und Desoxyadenylsäure isoliert. Durch
Einwirkung der Nucleophosphatase aus Darmsaft konnten
Desoxyguanosin, Desoxyinosin, Cytidin und Thymosin von

uns gefunden werden. Aus diesen Befunden gehen zwei Dinge hervor. Erstens, daß im Darmsaft einfache Nucleinsäuren entstehen, und daß in großen Mengen auch Purin- und Pyrimidinglucoside im Dünndarm abgespalten werden. Es ist merkwürdig, daß durch die Einwirkung des Darmfermentes wohl Guanosin, aber kein Adenosin, sondern nur das dem Adenosin entsprechende desamidierte Inosin gefunden wird. Aus dieser Tatsache ist abzuleiten, daß im Darmsaft nur ein adenosindesamidierendes Ferment vorkommt. Ein guanosindesamidierendes wie auch ein pyrimidindesamidierendes Ferment ist im Darmsaft bisher nicht nachweisbar.

Die rasche Desamidierung der Adeninnucleotide und Adeninglucoside weist darauf hin, daß im Organismus allenthalben Fermente vorhanden sind, die gebundenes Adenin zu desamidieren vermögen, während sich weder im Darm noch im intermediären Stoffwechsel Fermente finden lassen, die freies Adenin desamidieren können. In diesem Sinne sind auch die alten Versuche von MINKOWSKI und NIKOLAIER zu deuten, die zeigen, daß parenteral zugeführtes Adenin für den Organismus nicht unschädlich ist und zum großen Teil unverändert ausgeschieden wird.

Der alte Streit zwischen JONES und SCHITTENHELM, ob der Säugetierorganismus im intermediären Stoffwechsel Adenin desamidieren kann, dürfte heute im Sinne von JONES entschieden sein, der wohl ein Guanin-desamidierendes, aber niemals ein Adenin-desamidierendes Ferment feststellen konnte. Eine Nucleosidase, die freie Purine in den oberen Darmabschnitten auftreten ließe, ist nicht nachgewiesen.

Die Polynucleotide pflanzlicher wie tierischer Herkunft werden nach diesen Befunden im Dünndarm zu wasserlöslichen einfachen Nucleotiden und Nucleosiden aufgespalten und resorbiert. Im intermediären Stoffwechsel gelangen somit gebundene Purine zum Abbau. Soweit die Phosphorsäure noch nicht im Darmkanal aus dem Nucleotidverbande gelöst ist, wird sie, wie aus den DEUTSCHschen Leberfermentversuchen hervorgeht, im intermediären Stoffwechsel abgespalten. Die Frage, inwieweit die Desamidierung von Nucleotiden oder NH_3-Abspaltung im intermediären Stoffwechsel geschieht, ist für die Guanylsäure von SCHMIDT in der Kaninchenleber näher untersucht worden. SCHMIDT zeigte, daß der Abbau auf zwei Wegen möglich ist, indem er eine besondere Desamidase einerseits für die Guanylsäure und andererseits für das Guanosin und das freie Guanin nachweisen konnte. Die Desamidierung des Guanins kann also in jedem Zustande erfolgen, sowohl im Nucleotid und Nucleosid wie auch im Zustand des freien Purins. Anders liegen die Verhältnisse bei der Adenylsäure. Hier kann, wie bereits erwähnt, die Desamidierung nur am nucleotid- oder nucleosidgebundenen Adenyl sich vollziehen. Besondere Untersuchungen für die Muskeladenylsäure, die sich im Phosphorsäurekomplex — Adenylpyrophosphorsäure von LOHMANN und Muskeladenylsäure von EMBDEN — von der gewöhnlichen Hefeadenylsäure unterscheidet, sind von OSTERN vorgenommen worden. OSTERN zeigte, daß bei keiner der Adenylsäuren freies Adenin auftritt, und daß der Abbau der Adenosinphosphorsäure oder des Adenosin zur Inosinsäure oder zum Hypoxanthosin führt. Alle diese Versuche erweisen, daß die Purindesamidase kein einheitliches Ferment ist, sondern daß die Purindesamidasen weitgehend spezifisch wirkende Fermente darstellen.

Aus den vorliegenden Untersuchungen geht hervor, daß die im intermediären Stoffwechsel zum Abbau gelangenden Aminopurinnucleotide und Aminopurinnucleoside durch spezifische Desamidasen desamidiert werden, wobei einerseits für die Guanylsäure eine spezifische Desamidase, andererseits eine spezifisch auf das Guanosin und das freie Guanin wirkende Desamidase festgestellt wurde. Inwieweit die auf die Adenylsäure und auf das Adenosin wirkenden Desamidasen auch zwei spezifische Desamidasen sind, ist bisher noch nicht ermittelt worden. Es scheint sicher zu sein, daß die Desamidierung im wesentlichen bei intakter Purinzuckerbindung verläuft. Die entstehenden Oxypuringlucoside Hypoxanthosin und Xanthosin werden durch die Nucleosidasen in Oxypurine aufgespalten, die ihrerseits wieder durch eine Oxydase, die Xanthinoxydase, in Harnsäure übergeführt werden.

Man glaubte früher, daß die Leber das einzige Organ ist, in dem die Nucleinsubstanzen abgebaut werden können. Heute wissen wir, daß Nucleophosphatasen und Nucleosidasen in fast allen Organen gefunden werden. Wir können annehmen, daß der Abbau der Nucleinsäuren im Organismus an allen Stellen der Umsetzung erfolgen kann. *Damit ist schon hier bei der Besprechung des physiologischen Abbaus erklärt, warum Störungen des Nucleinsäureabbaues oder des Purinstoffwechsels im menschlichen Organismus nicht vorkommen, da bei Ausfall eines Organes die Umsetzung der Kernsubstanz allenthalben im Organismus erfolgen kann.*

Wir sehen, daß in wesentlichen Zügen der intermediäre Abbau der Nucleinsäuren klargestellt ist. Eine Nucleinase spaltet den tierischen Polynucleotidkomplex auf. Eine Phosphatase läßt Aminopurin- und Pyrimidinglucoside entstehen. Verschiedene spezifisch wirkende Desamidasen verwandeln die Aminopuringlucoside in Oxypuringlucoside. Nucleosidasen lassen Oxypurine entstehen, die durch Xanthinoxydasen in Harnsäure verwandelt werden.

Tierisches Polynucleotid + Thymonucleinase
|
Mononucleotid
/ \
+ Phosphatase   + Phosphatase + Desamidase
| |
Aminopurinnucleosid + Desamidasen |
                          Oxypuringlucosid
|
Oxypuringlucosid + Nucleosidase
|
Oxypurin + Xanthinoxydase
|
Harnsäure

Diesem Schema widerspricht die Feststellung eines Harnsäurenucleosids, welches die Möglichkeit voraussetzt, daß auch bei intakter Purinzuckerbindung die Oxydation bis zum Harnsäurenucleosid gehen kann. BENEDIKT glaubt im Rinderblut, BORNSTEIN und GRIESSBACH im Menschenblut einen Harnsäurenucleotidkomplex nachgewesen zu haben. Nach diesen Befunden müßte auch eine Xanthosinoxydase vorkommen, welche Oxypuringlucoside in Harnsäurenucleoside überführen kann. Da das aus Rinderblut wie auch aus Menschenblut gewonnene Glucosid nach den Untersuchungen ein Ribosid sein soll, so würde das im Blut anfallende Ribosid nur aus der Pankreasguanylsäure und aus der Muskeladenylsäure, nicht aber aus der Kernsubstanz stammen können. Merkwürdig ist allerdings die Feststellung von F. BIELSCHOWSKY,

der im Harn Leukämiekranker Riboside und nicht Desoxy-
pentoside fand. F. BIELSCHOWSKY sprach die Vermutung aus,
daß im intermediären Stoffwechsel unter Umständen auch
aus Desoxypentosiden Riboside werden könnten. In dieser
Frage liegt noch ein ungelöstes Problem des Abbaus der
Nucleinsäuren. Wir wissen nicht, wo die sonst im Organismus
unbekannte Desoxypentose weiter abgebaut wird und ob
eine Wechselbeziehung mit der im pflanzlichen Polynucleotid
und auch mit der in der tierischen Adenyl- und Guanylsäure
vorgebildeten Ribose besteht.

Wir können aber mit Sicherheit sagen, daß größere Mengen
eines Harnsäurenucleosids im intermediären Stoffwechsel
beim Menschen nicht vorkommen. Die im Nucleinsäure-
molekül vorgebildete Purinzuckerbindung wird, wie aus den
bisherigen Ausführungen hervorgeht, durch ein Nucleosidase-
ferment im Stadium des Oxypuringlucosids gespalten und
das Oxypurin durch eine Xanthinoxydase zum Trioxypurin,
zur Harnsäure, oxydiert.

Bis zur Bildung der Harnsäure verläuft der Abbau der
Purine im menschlichen und tierischen Organismus ganz
gleichartig. Während im menschlichen Organismus ein Abbau
der Harnsäure nach unserer Ansicht nicht mehr möglich ist,
vermögen nach den Untersuchungen von WIECHOWSKY alle
anderen Säugetiere die Harnsäure durch ein urikolytisches
Ferment, die Urikase, zu Allantoin zu oxydieren.

$$
\begin{array}{ccc}
\mathrm{HN-CO} & & \mathrm{HN-CH-NH\cdot CO-NH_2} \\
\;\;|\qquad| & & \quad\;\;|\qquad| \\
\mathrm{OC-C-NH}\!\!\diagdown & \longrightarrow & \mathrm{OC}\qquad\qquad\;+CO_2 \\
\;\;|\quad\;\|\qquad\quad\diagup\!\!\!\mathrm{CO + Urikase} & & \;\;|\qquad| \\
\mathrm{HN-C-NH}\!\!\diagup & & \mathrm{HN-CO} \\
\text{Harnsäure + Urikase} & \longrightarrow & \text{Allantoin + Kohlensäure}
\end{array}
$$

FELIX hat den zweigipfligen Ablauf der urikolytischen
Fermentreaktion kurvenmäßig festgelegt. Gleichsinnig mit
diesen Fermentversuchen sind die älteren Stoffwechselversuche am Gesamttier, bei denen nach Injektion von
Harnsäure die entsprechenden Mengen von Allantoin ausgeschieden werden. Vollständig anders verlief der Ferment-
und der Stoffwechselversuch beim Menschen. Obwohl schon
früher in allen menschlichen Organen der Nachweis eines

urikolytischen Fermentes nicht geglückt ist, hat in neuester Zeit KLEINMANN in besonders gründlichen Untersuchungen mit der neuen Fermenttechnik die alten Angaben bestätigt. Er konnte in keinem menschlichen Organ ein urikolytisches Ferment nachweisen, wogegen ihm die Aufspaltung der Harnsäure durch Schweineleber zu 100% gelang.

In gleichem Sinne sprechen auch die Versuche von MANN und MAGATH bei entleberten Hunden, die nach Herausnahme der Leber im Blut einen Anstieg der Harnsäure infolge Fehlens der Urikolyse zeigen, während beim Menschen mit akuter gelber Leberatrophie, die einem vollständigen Versagen des Organes gleichzustellen ist, eher niedere als hohe Harnsäurewerte im Blute gefunden werden.

Im Stoffwechselversuch war bereits durch Injektion von harnsaurem Natron beim Menschen nachgewiesen worden, daß 70—100% der injizierten Mengen unverändert ausgeschieden werden. Man hielt diesen Versuchen entgegen, daß die einmal gebildete Harnsäure vom menschlichen Organismus wohl nicht mehr angegriffen werden kann, daß sie aber in statu nascendi auch im menschlichen Organismus weiter abgebaut würde. Um auch diesen Einwand zu entkräften, haben wir die Aminopuringlucoside Adenosin und Guanosin beim Menschen injiziert und in gleicher Weise wie bei der Injektion von harnsaurem Natron eine Ausscheidung von 70—100% äquivalenter Mengen Harnsäure erzielt. Damit war auch durch den Stoffwechselversuch der eindeutige Nachweis erbracht, daß im menschlichen Organismus eine Urikolyse nicht vorkommt, und die Harnsäure das Endprodukt des menschlichen Nucleinstoffwechsels darstellt.

Trotz dieser eindeutigen Versuchsergebnisse, die auch von anderer Seite wiederholt bestätigt worden sind, blieb die SCHITTENHELMsche Schule auf ihrer Meinung bestehen, daß auch im menschlichen Organismus die Harnsäure weiter abgebaut werden könne. SCHITTENHELM und seine Schüler stützen sich auf die uns allen bekannte Tatsache, daß bei Verfütterung von purinhaltigen Nahrungsmitteln und auch von reiner Nucleinsäure und ihren Derivaten nicht die entsprechende Menge Harnsäure, wohl aber eine gleichlaufende Steigerung der Harnstoffmengen im Urin festzustellen ist.

THANNHAUSER und DORFMÜLLER konnten diese Einwände zurückweisen, indem sie zeigten, daß in den tieferen Darmabschnitten resorbierte Purine durch die Bakterien der Darmflora aufgespalten werden und der bei der Spaltung der Purine freiwerdende Stickstoff als Harnstoff ausgeschieden wird. Diese Versuche wurden von anderer Seite auch von BRUGSCH bestätigt. Die Urikolyse der Darmbakterien täuscht eine intermediäre Urikolyse vor. Mit welcher Leichtigkeit die verschiedensten Bakterien und auch Luftkeime den Purinring aufzuspalten vermögen, ist allen Untersuchern geläufig, die colorimetrische Harnsäurebestimmungen machen. Sie wissen, daß die Harnsäurevergleichslösung trotz Zusatz von Formaldehyd ihren Standardwert durch bakterielle Urikolyse nach einigen Wochen verliert und aus diesem Grunde nur kurze Zeit zu gebrauchen ist. Verfütterungsversuche von Nucleinen und Purinen können aus diesem Grunde niemals über den intermediären Purinstoffwechsel Aufschluß geben. Es muß unbedingt gefordert werden, daß die Nucleinstoffwechselversuche, die auf den intermediären Purinstoffwechsel ausgewertet werden sollen, durch parenterale Zufuhr der zu untersuchenden Substanz angestellt werden.

Trotz dieser eindeutigen Tatsachen hat neuerdings die SCHITTENHELMsche Schule durch CHROMETZKA wieder durch Verfütterungsversuche die alte SCHITTENHELMsche Auffassung der menschlichen Urikolyse zu beweisen versucht. Ganz abgesehen, daß Verfütterungsversuche, wie ich schon sagte, von falschen Voraussetzungen ausgehen, ist die diätetische Versuchsanordnung von CHROMETZKA so mangelhaft, daß irgendwelche Schlüsse daraus nicht gezogen werden können. Weder ein Abbau der Harnsäure zu Kreatinin noch zu einem unbekannten Stoffe X kann aus Verfütterungsversuchen abgeleitet werden. Unsere alten parenteralen Stoffwechselversuche im Zusammenhang mit den neuen Fermentversuchen von KLEINMANN zeigen eindeutig, daß die Harnsäure im intermediären Stoffwechsel des Menschen nicht weiter aufgespalten wird und daß die Harnsäure als Endprodukt des menschlichen Nucleinstoffwechsels anzusehen ist. Die Frage der menschlichen intermediären Urikolyse ist damit eindeutig beantwortet, sie steht im Brennpunkt jedweder Diskussion, die sich mit pathologischen Störungen des menschlichen Nucleinstoffwechsels beschäftigt.

Im Zentrum jedweder klinischen Betrachtung über den Nucleinstoffwechsel steht die Tatsache der Unzerstörbarkeit der Harnsäure im menschlichen Organismus. Der Gehalt der Säfte, besonders des Blutes, an Harnsäure entstammt einer exogenen und einer endogenen Quote des Nucleinabbaues. Bei völlig purinfreier Ernährung können wir die endogene Quote des Nucleinabbaus an der Höhe der ausgeschiedenen Harnsäure messen. Nach 3—4 Tagen purinfreier Ernährung ist der Gehalt beim gesunden Menschen im Blute zwischen 3—4 mg% anzusetzen. Die tägliche Ausscheidung schwankt bei purinfreier Ernährung zwischen 0,2 und 0,3 g Harnsäure. Die Zahlen der Harnsäurewerte im Blute schwanken allerdings mit der Art der Bestimmung. Uns hat sich die nach den Methoden von BENEDICT, FOLIN und MORIS zusammengestellte Methode am besten bewährt. Es muß immer wieder darauf hingewiesen werden, daß die Hauptfchlerquelle der Methode die Standardvergleichslösung ist, welche bereits durch die Urikolyse der Luftkeime innerhalb kurzer Zeit ihren Standardwert verliert. Die große Verschiedenheit der normalen Blutharnsäurewerte in der Literatur kommt von einer unzulänglichen Bestimmungsmethodik.

Der endogene Wert der Blutharnsäure und der täglichen Harnsäureausscheidung, die wir mit etwa 0,2—0,3 g angesetzt haben, stammt aus den Vorgängen des Zellstoffwechsels. Die meisten Autoren stehen auf dem Standpunkt, daß der endogene Wert aus Mauserungsvorgängen der Zellkerne herrührt. Nachdem in neuerer Zeit die Bedeutung der Adenosinphosphorsäure für den Muskelstoffwechsel erkannt wurde, glaubt man, daß ein nicht unwesentlicher Teil der endogenen Harnsäurequote aus dem Adenosinphosphorsäureanteil des Muskelstoffwechsels stamme. JENKE hat aus diesem Grunde an meiner Klinik Studenten große Marschleistungen bei purinfreier, kohlehydrat- und fettreicher Ernährung vollbringen lassen. Es zeigte sich, daß die endogene Harnsäurequote in keiner Weise ansteigt. Aus diesem Befunde ist zu ersehen, daß die neuerdings von OSTERN angenommene, bereits diskutierte Abwandlung von Muskeladenylsäure nicht bis zu den freien Purinen geht, sondern daß die Resynthese der Adenosinphosphorsäure sich am gebundenen Purin vollzieht, ohne daß wesentliche Mengen Purin abgespalten werden. Die endogene Harnsäurequote entstammt also dem Organstoffwechsel.

In unseren Überlegungen haben wir angenommen, daß der Purinstoffwechsel sich in gerader Linie vom Darm aus nach der Resorption über die Organe des intermediären Stoffwechsels zur Niere als Ausscheidungsorgan bewegt. BRUGSCH und seine Schüler glauben daher, daß ein nicht unwesentlicher Anteil der im intermediären Stoffwechsel abgebauten Nucleinsubstanzen durch die Galle in den Darm ausgeschieden wird. Durch die bakterielle Urikolyse im Darm würden diese Mengen enterotroper Harnsäure, wie BRUGSCH diese Quote nennt, bei quantitativen Bestimmungen im Kote und im Urin nicht in Erscheinung treten können, da sie ja nach der bakteriellen Urikolyse als Harnstoff ausgeschieden werden würden. Die Untersuchungen von HARPUDER nach Harnsäureinjektion an Gallenfistelhunden zeigten entgegen der BRUGSCHschen Annahme, daß die Konzentration der Harnsäure in der Galle nicht wesentlich höher war, als sie den andern Körpersäften entsprach. In gleichem Sinne sprechen auch die von LURZ und GARA an meiner Klinik ausgeführten Untersuchungen an nierenlosen Hunden, denen Harnsäure injiziert wurde. Die in verschiedenen Intervallen auf ihren Harnsäuregehalt untersuchten Darmstücke zeigten den gleichen Harnsäuregehalt wie das Blut. Wurden aber andererseits die gleichen Mengen Harnsäure Hunden mit gesunden Nieren injiziert, so häufte sich in der Niere die Harnsäure um ein Vielfaches an. Wir werden also nicht fehlgehen, wenn wir die Niere als das hauptsächlichste Ausscheidungsorgan für die Harnsäure ansehen und den Ablauf des Purinstoffwechsels in geradliniger Weise vom Aufnahme- zum Exkretionsorgan annehmen. Es sei aber zugegeben, daß der Darm bei schweren Ausscheidungsstörungen der Niere wie für alle Stoffe so auch für die Harnsäure eine oft zu gering beachtete Rolle als Exkretionsorgan spielen kann.

Die Höhe der Harnsäurekonzentration im Urin hängt von

drei Momenten ab: 1. von der anatomischen Intaktheit des Ausscheidungsorganes, 2. vom autonomen Nervensystem, das die funktionellen Leistungen der Niere reguliert, 3. von dem Angebot der Blutharnsäure. Sympathikometische Mittel wie Adrenalin, Ergotamin und Atropin beeinflussen, wie HARPUDER zeigen konnte, die Harnsäurekonzentration im Urin außerordentlich stark. Sympathicuslähmung vermindert die Harnsäurekonzentration. Sympathicusreizung macht eine nicht unerhebliche Konzentrationssteigerung. Mit diesen Versuchen ist der Nachweis erbracht, daß die harnsäureausscheidende Funktion der Niere bei gleichbleibender Blutharnsäurekonzentration isoliert vom Nervensystem aus beeinflußbar ist, ohne daß die sekretorische Funktion für die anderen harnfähigen Stoffe beeinflußt wird. In gleicher Weise können wir auch die Atophanwirkung als isolierte Beeinflussung der Harnsäureausscheidung im Sinne einer Konzentrationssteigerung im Urin erweisen.

Tabelle 1. Atophanwirkung nach eigenen Untersuchungen bei Gesunden.

Datum	Kost	Harnmenge in ccm	Spez. Gew.	$\overline{U}$ mg%	$\overline{U}$ Tagesmenge mg	$\overline{U}$ im Blut mg%	Verordnung
1921 11. X.	purinfrei	1520	1016	28,4	431,68	—	Harnsäureausscheidungsgleichgewicht
12. X.	,,	1360	1019	32,4	430,64	2,70	3 × 0,5 Atophan
13. X.	,,	2103	1012	22,4	460,00	2,55	—
14. X.	,,	1340	1017	46,4	621,76	2,05	—
15. X.	,,	1620	1014	32,0	518,40	—	—
16. X.	,,	1620	1014	24,4	395,28	2,05	—
17. X.	,,	1920	1013	14,2	272,69	—	—
18. X.	,,	1520	1020	28,4	431,88	2,55	3 × 0,5 Atophan
19. X.	,,	1700	1016	28,4	462,80	2,55	—
20. X.	,,	1787	1016	32,4	579,96	—	—
21. X.	,,	1670	1018	24,4	407,48	1,05	—

Die Konzentrationssteigerung nach Atophan tritt erst am zweiten oder dritten Tage nach der Medikation ein. Diese Feststellung der Atophanwirkung beim Gesunden ist von Bedeutung auf die Atophanwirkung im Urin bei Gichtkranken Diese Feststellung der isolierten Beeinflußbarkeit der harnsäureausscheidenden Funktion der Niere ist für die Physiologie und Pathologie des Purinstoffwechsels von prinzipieller Bedeutung.

Von diesen Überlegungen ausgehend kann die Relation der Harnsäurekonzentration im Blute und im Urin durch drei Faktoren gestört sein: 1. durch ein exogenes oder endogenes Überangebot, 2. durch eine isolierte vom vegetativen Nervensystem abhängige Sekretionssteigerung der Niere für die Harnsäureausscheidung und 3. durch eine anatomisch bedingte pathologische Nierenveränderung. Für alle drei Möglichkeiten lassen sich sinngemäße Beispiele aus der Klinik anführen.

Eine endogene Konzentrationserhöhung der Harnsäure im Blute, eine Hyperurikämie, findet sich bei allen krankhaften Prozessen, bei denen reichlich Zellkerne zugrunde gehen. Beispiele hierfür sind die Harnsäurekonzentrationen im Blut bei der Pneumonie nach der Krise und die Harnsäurekonzentrationen bei allen Leukämien besonders bei Leukämien nach der Bestrahlung. Bei diesen Zuständen findet man Werte der Blutharnsäure, die zwischen 5 und 20 mg% liegen können. Gleichzeitig steigt bei gesunden Nieren die Harnsäurekonzentration im Urin auf hohe Werte, 80—100 mg% werden gefunden. Weder bei der Pneumonie noch bei der Leukämie kommt es bei gesunden Nieren zu einem gichtischen Syndrom, das heißt zu einem Ausfall von Uraten in den Gelenken und Sehnenscheiden, hingegen finden wir sehr oft bei der Leukämie infolge der übersättigten Lösung des harnsauren Natrons im Urin einen Ausfall von Natriumurat in den ableitenden Harnwegen. Im Gegensatz zur Gicht, wo wir Natriumurat in Form von *weißlichen* Konkrementen im Nierenparenchym, und zwar in nekrotischen Nierenteilen antreffen, sind die ausfallenden Uratmengen bei der Leukämie in den Harnwegen, also aus bereits sezerniertem Urin, als *gelblichen* Konkremente anzutreffen. Es ist ein eindeutiges Charakteristikum der ausfallenden harnsauren Salze, daß aus der Gewebsflüssigkeit ausfallende Urate nicht farbstoffhaltig, weiß gefärbt sind, während die aus dem bereits sezernierten Harn in den ableitenden Harnwegen ausfallenden Urate Harnfarbstoff mitreißen und gelb gefärbt sind. Aus diesen Beobachtungen ist für den sogenannten Harnsäureinfarkt des Neugeborenen, der gelblich gefärbt ist, zu schließen, daß er sich aus bereits sezerniertem Harn, wahrscheinlich infolge

Kolloidmangels bildet. Die durch endogenes Überangebot entstehende Hyperurikämie wird bei gesunden Nieren immer eine erhöhte Harnsäurekonzentration im Urin zur Folge haben. Aus dieser Tatsache ist zu ersehen, daß das Symptom Hyperurikämie allein niemals einen Hinweis auf eine Sekretionsstörung geben kann, daß vielmehr für jede diagnostische Beurteilung der gestörten Harnsäurekonzentration im Blute eine gleichzeitige Bestimmung der Harnsäurekonzentration im Urin erforderlich ist. Im Gegensatz zu dieser bei der Pneumonie und der Leukämie auftretenden Harnsäurekonzentrationssteigerung im Blute und im Urin findet man bei der Gicht lediglich eine Konzentrationssteigerung der Blutharnsäure, während die Konzentration der Harnsäure im Urin niedere Werte zeigt. Beim Gichtkranken ist trotz der beträchtlichen Hyperurikämie die Konzentration des harnsauren Natrons im Urin in anfallsfreien Zeiten sehr nieder. Auch bei leichten Gichtkranken erreicht sie kaum eine Höhe von 50 mg %. In besonders schweren Fällen haben wir Konzentrationen des harnsauren Natrons im Harn beobachtet, die zeitweilig niedriger waren als die Harnsäurekonzentrationen im Blute.

Aus der Tabelle 2 ist ersichtlich, daß die Harnsäurekonzentration beim Gichtkranken keine starre Größe ist. Die Harnsäurekonzentration kann durch entsprechende Mittel, vor allen Dingen durch die Phenylchinolincarbonsäure, beträchtlich gesteigert und in manchen Fällen, besonders in leichteren, sogar auf normale Konzentrationswerte gebracht werden.

Diese Beobachtung veranlaßte mich, die gichtische Störung als funktionelle Störung der Harnsäureausscheidung anzusehen. Die Störung der Nierensekretion für einen bestimmten Harnanteil kann ihren Grund in der Nierenzelle selbst oder in dem ihrer Funktion übergeordneten nervösen Organ haben. Aus der Tatsache, daß die bei der Gicht daniederliegende Funktion der Niere, die Harnsäure zu konzentrieren, durch pharmakologische Agenzien, durch Witterungseinflüsse und durch Gemütsstimmungen zu beeinflussen ist, erscheint die Vermutung naheliegend, daß die Funktionsstörung nicht in der Nierenzelle selbst, sondern in

dem die celluläre Funktion beeinflussenden vegetativen
Nervensystem zu suchen ist. Wir wissen aus Analogien in
der Klinik, daß alle Anfallskrankheiten: Asthma bronchiale,
Steinbildung und Psoriasis mit Störungen im vegetativen
Nervensystem zusammenhängen, und daß alle diese Anfalls-
krankheiten ausgesprochen konstitutionell vererbbare Krankheiten sind. In diese Gruppe gehört zweifellos die echte
Arthritis urica, die wir zum Unterschied von einer sekundären
Gicht als primär konstitutionelle Gicht bezeichnet haben.
Ätiologisch verschieden von der primär konstitutionellen
Gicht ist die sekundäre Gicht, die im Gefolge einer schweren
anatomischen Nierenschädigung auftritt. Bei echten vascu-
lären Schrumpfnieren, besonders bei der Bleiniere, finden wir,
daß die Ausscheidung aller harnfähiger Bestandteile gestört
ist und demnach auch das harnsaure Natron im Körper
retiniert wird. Je nach der Dauer der Krankheit und nach
der konstitutionellen Veranlagung kann es im Verlaufe einer
Schrumpfniere zum gichtischen Syndrom kommen. Bei der
primär konstitutionellen und bei der sekundären Gicht haben
wir eine isolierte konstitutionelle Minderwertigkeit der Fähigkeit, die Harnsäure hoch im Harn zu konzentrieren, vor uns,
die pharmakodynamisch beeinflußbar ist. Die Konzentrationsfähigkeit der übrigen organischen und anorganischen
Harnbestandteile ist in den ersten Stadien der primär konstitutionellen Gicht nicht gestört. Bei der sekundären Gicht
ist die Konzentrationsfähigkeit für *alle* Harnbestandteile
weitgehend eingeschränkt. Es wird neben anderen Harn-
bestandteilen auch die Harnsäure retiniert. Das gichtische
Syndrom ist hier nicht zwangsläufig mit der Krankheit verbunden. GARROD DER ÄLTERE, der als erster die Hyperurikämie beim Gichtkranken entdeckte, nahm als Ursache
der Gicht eine krankhafte anatomische Veränderung der
Niere an. Die GARRODsche Ansicht konnte sich aber nicht
halten, da bei vielen Autopsien Gichtkranker morphologisch
vollständig intakte Nieren gefunden wurden. Der negative
anatomische Befund ist nach unserer funktionellen Erklärung
der gichtischen Störung durchaus verständlich. Eine isolierte
funktionelle Störung der Fähigkeit, die Harnsäure zu konzentrieren, wird im anatomischen Substrat in den ersten

Tabelle

Datum	Blut				$\overline{U}$	$\overline{U}$-Tages-menge
	$\overline{U}$	Kreati-nin	NaCl	R-N		
	mg %	mg %	mg %	mg %	mg %	mg
17. XI.	—	—	—	—	4,4	80,96
18. XI.	8,0	—	—	—	2,8	32,64
19. XI.	—	—	—	—	4,4	78,72
20. XI.	—	—	—	—	4,2	79,38
21. XI.	—	—	—	—	3,4	67,32
22. XI.	9,55	—	—	—	2,2	47,74
23. XI.	—	—	—	—	6,2	108,5
24. XI.	—	—	—	—	4,2	82,32
25. XI.	7,55	5,2	580,0	84,942	2,2	45,54
26. XI.	—	—	—	—	4,4	88,0
27. XI.	—	—	—	—	4,4	75,24
28. XI.	—	—	—	—	4,4	78,42
29. XI.	—	—	—	—	12,0	237,6
30. XI.	5,05	—	—	—	36,4	655,2
1. XII.	—	—	—	—	4,4	93,28
2. XII.	—	—	—	—	3,4	119,28
3. XII.	—	—	—	—	24,4	453,85
4. XII.	—	—	—	—	8,4	180,6
5. XII.	—	—	—	—	4,4	88,0
6. XII.	5,05	5,6	610,0	67,392	4,4	70,4
7. XII.	—	—	—	—	6,0	87,6
8. XII.	—	—	—	—	5,2	85,28
9. XII.	—	—	—	—	16,4	182,08
10. XII.	—	—	—	—	18,0	295,2
11. XII.	—	—	—	—	12,0	268,2
12. XII.	7,55	3,4	660,0	70,2	8,4	146,16
13. XII.	—	—	—	—	6,02	166,152
14. XII.	—	—	—	—	12,4	189,72
15. XII.	—	—	—	—	8,4	152,88
16. XII.	7,05	4,25	580,0	91,0	6,08	146,4
17. XII.	—	—	—	—	8,4	167,92

Stadien nicht erkennbar sein. Die funktionelle Störung führt erst in den späteren Zuständen zu anatomisch erkennbaren Veränderungen der Niere, die im Endstadium im charakteristischen Bild der Gichtschrumpfniere gipfelt.

Um unsere Auffassung der Pathogenese der Gicht zu festigen, müssen wir auf die Gichttheorien anderer Autoren eingehen und sie zu widerlegen versuchen. MINKOWSKI hat noch in der letzten Auflage seiner Gichtmonographie seine schon vor vielen Jahren geäußerte Hypothese, daß die Harnsäure normalerweise in einer besonderen Bindung, beim

S., 32 Jahre.

Harn				Urin-menge	Spez. Gewicht	Verordnung
NaCl		Gesamt-N				
g%	Tages-menge	mg%	Tages-menge g			
—	—	—	—	1840	1008	
—	—	—	—	1878	1005	
—	—	—	—	1787	1009	3 × 0,3 Atophan
—	—	—	—	1891	1010	
—	—	—	—	1980	1010	
—	—	—	—	2174	1009	5 × 0,3 Atophan
—	—	—	—	1748	1010	
—	—	—	—	1960	1010	
—	—	438,75	9,071	2070	1009	
—	—	—	—	2000	1010	
—	—	—	—	1705	1010	3 × 0,3 Artosin
—	—	—	—	1780	1009	
—	—	—	—	1984	1009	
—	—	—	—	1800	1010	
—	—	—	—	2120	1009	5 × 0,3 Artosin
—	—	—	—	1424	1011	
—	—	—	—	1860	1009	
—	—	—	—	2148	1009	
—	—	—	—	2000	1009	
,42	6,72	606,14	9,698	1600	1010	
,40	5,84	358,75	8,157	1458	1009	3 × 0,3 Artosin
,34	5,776	538,14	8,864	1643	1010	
,28	4,816	462,75	7,959	1715	1010	
,30	4,92	327,13	5,365	1638	1009	
,38	8,512	512,46	11,479	2243	1010	
,36	6,269	508,95	8,885	1740	1009	10 g NaCl
,56	13.248	362,6	10,007	2760	1010	
,38	5,814	442,4	6,758	1530	1009	20 g Urea
,54	9,828	379,0	6,897	1815	1009	
,42	10,248	462,0	11,272	2440	1009	
,44	9,251	492,1	9,251	1880	1010	

Gichtkranken aber als Mononatriumurat im Blute kreise, wieder zu stützen versucht. MINKOWSKI meinte, daß die chemische Aufklärung des Nucleinsäuremoleküls seine Auffassung insofern zu stützen vermöge, als die Möglichkeit gegeben sei, daß die glucosidische Bindung der Harnsäure beim Gichtkranken vorzeitig gelöst würde, während sie beim Gesunden bestehen bleibt. Bei der Erörterung des fermentativen Abbaus haben wir gesehen, daß die Nucleoside auch beim Gesunden durch eine Nucleosidase aufgespalten werden. Ein Harnsäureribosid ist zwar aus Rinderblut von BENEDICT und GRIESSBACH isoliert worden, seine Menge ist aber nur so verschwindend klein, daß die normale Harnsäurekonzentration im Blute nicht in Form eines Ribosids vorliegen kann.

Am meisten Aufsehen hat zu Anfang dieses Jahrhunderts die von BRUGSCH und SCHITTENHELM aufgestellte Hypothese erregt, daß die Gicht eine Störung des Purinstoffwechsels sei. Sie faßten ihre Auffassung von der Gicht in der Erklärung zusammen: Verlangsamte Harnsäurebildung, verlangsamte Harnsäurezerstörung, verlangsamte Harnsäureausscheidung. BRUGSCH ist von dieser Theorie in der Zwischenzeit vollständig abgerückt, nur SCHITTENHELM glaubt heute noch die Ansicht vertreten zu müssen, daß der gichtischen Störung eine Stoffwechselanomalie zugrunde liegt, die im wesentlichen einer Abbaustörung der Harnsäure gleichkommt. Wir haben bei der Besprechung des physiologischen Nucleinabbaus im intermediären Stoffwechsel gesehen, daß der Mensch eine Sonderstellung in der Tierreihe einnimmt, indem im menschlichen Organismus weder durch den Fermentversuch mit den verschiedensten Organen noch durch den Stoffwechselversuch eine Zerstörung der Harnsäure nachgewiesen werden kann. Es dürfte heute durch die Untersuchungen der verschiedensten Autoren kein Zweifel mehr darüber bestehen, daß der menschliche Organismus über ein urikolytisches Ferment nicht verfügt. Mit dieser Tatsache fällt die Fermenttheorie der Gicht in sich zusammen: Wir kennen keine Abbaustörung der Purine im Organismus, demnach auch keine intermediäre Stoffwechselkrankheit, die zur Gicht führen könnte. Die Fermente des Purinstoffwechsels sind nicht an *ein* Organ, an die Leber oder an die Niere gebunden, sie sind ubiquitär in allen Organen vorhanden, so daß der Abbau der Nucleine auch bei Erkrankung und Ausfall eines Organes im menschlichen Organismus immer gewährleistet ist. Auch bei dem extremsten endogenen Überangebot von Kernsubstanz, wie bei der Leukämie, wird in großen Massen Harnsäure als Stoffwechselprodukt gebildet, und nur in ganz verschwindend kleinen Mengen werden, wie F. BIELSCHOWSKY nachwies, gebundene Purine ausgeschieden. Die im Mittelpunkt der Fermenttheorie stehende Annahme einer menschlichen Urikolyse kann als endgültig widerlegt gelten.

Das sichtbare Zeichen der Gicht ist der Tophus. Wenn man den Tophus eröffnet und mikroskopiert, findet man in dem nekrotischen Gewebe, das von einem dichten Granulationswall von Zellen umgeben ist, die feinen weißen Nadeln von harnsaurem Natron. Das nächstliegende ist anzunehmen, daß das harnsaure Natron diese Veränderungen hervorruft. Nun kann man aber auch sagen, das Gewebe macht den Tophus, das heißt gewisse Gewebe besitzen eine derartige Affinität zur Harnsäure, daß sie die Harnsäure aus der Gewebsflüssigkeit festhalten und zum Auskrystallisieren bringen, das Gewebe wäre die materia peccans und nicht die Harnsäure. Die Harnsäureablagerung soll nach UMBER durch eine Abartung des Gewebes, des Mesenchyms bedingt sein, oder, wie später GUDZENT sagte, die Uratohistochie gewisser Gewebe würde das primäre ursächliche Moment für die gichtische Ablagerung sein. Das Gemeinsame der älteren UMBERschen und der neueren GUDZENTschen Deutung ist eine besondere Affinität gewisser Gewebe zur Harnsäure. Wäre die Ansicht dieser Forscher richtig, daß gewisse Gewebe die Harnsäure primär festhalten, ohne daß es vorher zu einer Anstauung von Harnsäure im Blut und den Geweben gekommen ist, so müßte die Harnsäurekonzentration im Blut und in den Säften zurückgehen zugunsten der Anhäufung von Harnsäure in den Geweben. Einen ähnlichen Vorgang sehen wir für das Kochsalz bei der Pneumonie und bei der Exsudatbildung. Hier wandert das Kochsalz tatsächlich aus dem Blute in die erkrankten Gewebe hinein, während seine Konzentration in den Säften zurückgeht. Bei der Gicht ist das Gegenteil der Fall. Seit GARROD DEM ÄLTEREN wissen wir, daß die Harnsäure sich im Blute anstaut. Von Tausenden von Untersuchern ist die Hyperurikämie bestätigt worden. Soll man das Kardinalsymptom der Gicht umstoßen, weil ganz vereinzelte Gichtkranke beobachtet wurden, die trotz bestehender Tophi einen nur wenig erhöhten Gehalt von Harnsäure im Blute hatten? Es soll zugegeben werden, daß bei langanhaltender purinfreier Kost unter therapeutischer Einwirkung ein Zurückgehen der Blutharnsäure bei bestehenden Tophi möglich ist. Eine solche Gegebenheit wird aber immer ein Ausnahmefall bleiben und die Regel nicht entkräften, daß bei der Gicht der Gehalt des Blutes und der Gewebe an harnsaurem Natron stark erhöht ist. Das Primäre ist die Anstauung der Harnsäure in den Säften, das Sekundäre die Auskrystallisation im Gewebe. Eine Deutung der Harnsäureanhäufung im Blute durch ein Überlaufen der primär im Gewebe angehäuften Harnsäure ins Blut ist irrig, da ein intaktes Ausscheidungsorgan, das heißt eine funktionell intakte Niere, auch ein erhöhtes Angebot, wie wir es bei der Pnemuonie und bei der Leukämie sehen, mit einer Konzentrationssteigerung beantworten würde und nicht wie bei der Gicht nur niedere Harnsäurekonzentrationen zustande brächte. Wir kennen keinen experimentellen Anhaltspunkt dafür, daß die Tophusbildung durch eine Abartung des mesenchymalen Gewebes verursacht wird. Mit den Worten erhöhte Harnsäureaffinität, Uratohistochie, mesenchymale Abartung ist nichts gewonnen, im Gegenteil, es sind unklare, dem Experiment nicht zugängliche Begriffe vor die experimentelle Tatsache gesetzt.

In neuster Zeit hat man versucht, die Arthritis urica als eine rein allergische Krankheit aufzufassen. Ich habe bereits im Jahre 1922 in einer Arbeit mit WEINSCHENK auf die Zusammenhänge der Gicht mit den Anfallkrankheiten unter dem Gesichtspunkt der Allergie, die die Franzosen unter dem Begriff des „Arthritisme" zusammenfassen, hingewiesen. Das Gemeinsame aller dieser Anfallskrankheiten sind Tonusschwankungen im vegetativen System, die durch endogene und exogene Ursachen der verschiedensten Natur ausgelöst werden können. Derartige vegetative Tonusschwankungen sind auf bestimmte Gefäßbezirke und damit auf verschiedene Organe begrenzt. Es müssen nicht immer exogene Allergene, Proteinstoffe oder andere chemische Agenzien sein, es können ebensogut psychische wie traumatische Erregungen Anfälle bei der Migräne, Psoriasis, bei den Steinkrankheiten und bei der Gicht auslösen. Der Anfall ist zweifellos auch bei der Gicht eine Überempfindlichkeitsreaktion, wobei nicht nur die retinierte Harnsäure, sondern auch exogene Stoffe, z. B. bestimmte Genußmittel, verschiedene Wein- oder Biersorten und andere Ingredienzien als Allergene wirken können. Auch pychische und traumatische Faktoren können anfallsauslösend wirken. Der Gichtanfall als Überempfindlichkeitsreaktion muß nicht eine spezifische Anaphylaxie gegen einen Stoff zur Ursache haben. Es können bei einer Person die verschiedensten Allergane einen Anfall auslösen. Die Überempfindlichkeitsreaktion, der Anfall, äußert sich im Anfall in der Niere in einer verringerten Harnsäurekonzentration und gleichzeitig in einer Gefäßreaktion, die an dem befallenen Gelenk als entzündliche Reaktion offenbar wird. Bei allen Anfallskrankheiten äußert sich die Überempfindlichkeitsreaktion in der vom vegetativen System am leichtesten beeinflußbaren Teilfunktion des betreffenden Organs. Bei der Niere ist die empfindlichste Teilfunktion des Organes die Fähigkeit, die Harnsäure sehr hoch zu konzentrieren. Jedem Anfall geht ein kurzes Depressionsstadium für die Harnsäure voraus, das nach dem Anfall sich wieder löst und von einer kurze Zeit anhaltenden normalen Funktion für die Harnsäurekonzentration gefolgt ist. Es ist aber festzuhalten, daß im anfallsfreien Intervall die Fähigkeit, die Harnsäure zu konzentrieren bei der konstitutionellen Gicht dauernd verringert ist. Aus diesen Feststellungen geht hervor, daß allergische Momente wohl den Gichtanfall auslösen, daß aber das gichtische Syndrom: hohe Blutharnsäurekonzentration, niedere Urinharnsäurekonzentration auch ohne Anfall ein ganzes Leben bestehen und eine starke Tophusbildung in vielen Gelenken sich ohne Anfall vollziehen kann.

Im Mittelpunkt der gichtischen Störung steht nach wie vor die Harnsäureretention, die durch eine vegetativ bedingte Minderung der Fähigkeit die Harnsäure im Harn hoch zu konzentrieren, hervorgerufen ist. Auf diese konstitutionelle Minderwertigkeit kann sich in Anfällen eine allergische Reaktion — der Gichtanfall — aufpfropfen. Die Überempfindlichkeitsreaktion, die sowohl durch endogene wie exogene Stoffe, wie auch durch die Hyperurikämie selbst ausgelöst werden kann, äußert sich in einer lokalen Entzündung, in dem uratischen Gelenk und in einer anfallsweisen weiteren Verschlechterung der empfindlichsten Teilfunktion der Niere, die Harnsäure im Harn zu konzentrieren.

Ich glaube mit unseren Untersuchungen und den vorgetragenen Überlegungen den Nachweis geführt zu haben, daß unsere Auffassung zu Recht besteht, daß der primär konstitutionellen Gicht eine Unfähigkeit der Niere, die Harnsäure hoch zu konzentrieren, zugrunde liegt. Diese konstitutionelle Minderwertigkeit, die Harnsäure im Urin zu konzentrieren, kann temporär durch anaphylaktisch bedingte Tonusschwankungen im vegetativen Nervensystem anfallweise verschlechtert werden. Der anaphylaktisch bedingte Gichtanfall manifestiert sich als allergische Reaktion sowohl an dem uratischen Gelenk wie auch an der Niere. Am uratischen Gelenk macht der Anfall eine Entzündung, an der Niere eine vorübergehende Schädigung der empfindlichsten Teilfunktion des Organs, die Harnsäure zu konzentrieren.

Zum Schluß möchte ich noch einige Worte über die physiologische Bedeutung der Nucleinsäure sprechen. Wir hatten früher die Meinung ausgesprochen, daß im Zellkern, am Ort der stärksten Umsetzung, die Nucleinsäuren im wesentlichen als Puffersubstanzen wirken können. Die Nucleinsäuren sind gleichzeitig durch die Phosphorsäure Säuren und durch die Aminopurine Basen. Durch diese Konstitution können sie durch Salzwirkung an der Phosphorsäure wie durch Desamidierung an den Basen das Reaktionsmilieu außerordentlich fein auf ein bestimmtes p_H abstimmen. Diese Auffassung der Bedeutung der Nucleinsäuren mag wohl zu Recht bestehen. Es sind aber darüber hinaus weitere Funktionen der Nucleinsäuren mit hoher biologischer Bedeutung erkannt worden. EMBDEN stellte die Bedeutung der Muskeladenylsäure für den Ablauf der Energetik der Muskelkontraktion klar. Er zeigte, daß ein konstantes Verhältnis zwischen Desamidierung der Adenosinphosphorsäure und der Milchsäurebildung bei der Muskelkontraktion besteht. LOHMANN gelang der Nachweis, daß die von EMDEN isolierte Adenylphosphorsäure in der Muskulatur im wesentlichen als Adenylpyrophosphorsäure vorkommt. Bei der Muskelkontraktion zerfällt die Adenylpyrophosphorsäure in Adenylsäure und Pyrophosphat. Der Zerfall dieser Verbindung ist mit einer starken Wärmetönung verknüpft. Diese Reaktion liefert nach der Ansicht von MEYERHOF die Energie für die Resynthese des Phosphagens.

Im MEYERHOFschen Laboratorium wurde gefunden, daß die Adenylpyrophosphorsäure der autolysable Bestandteil des Co-Fermentes der Milchsäurebildung im Muskel bzw. des

Co-Fermentes der Hefe ist. Nach der Ansicht MEYERHOFs besteht die Rolle des Co-Fermentes id est der Adenylpyrophosphorsäure in der Veresterung der Phosphorsäure mit der Hexose. Die Phosphorsäureester der Hexose sind dann gärfähig, das heißt, sie können zu Milchsäure zerfallen. Diesen Feststellungen der MEYERHOFschen Schule widerspricht die EULERsche Schule, indem sie behauptet, daß mit steigender Reinheit der Adenylpyrophosphorsäure die Beeinflussung der Gärung abnehme und die Adenylpyrophosphorsäure nicht identisch mit dem Co-Ferment sein könne.

Im Jahre 1929 wurde eine weitere physiologische Funktion der Muskeladenylsäure bzw. des Adenosins entdeckt. DRURY und SZENT GYÖRGY gewannen aus Herzmuskulatur eine Substanz von außerordentlicher Wirksamkeit auf den Herzrhythmus und auf die Durchblutung der Kranzarterien. Sie konnten zeigen, daß die isolierte Substanz mit Muskeladenylsäure bzw. Adenosin identisch war. Es gelang mit dieser Substanz beim Meerschweinchen einen Herzblock zu erzeugen und die Coronardurchblutung zu steigern. Die desamidierten Produkte Inosinsäure bzw. Inosin sind wirkungslos. Hefeadenylsäure wirkt sehr viel schwächer als Muskeladenylsäure und Adenosin. Auch große Dosen Hefeadenylsäure führen eine deutliche Verlangsamung der Herzreaktion herbei. Die Beeinflussung der Coronardurchblutung und der Pulsfrequenz gelingt auch am Menschen und führte zur therapeutischen Anwendung dieser Verbindung bei der Behandlung der Angina pectoris.

F. BIELSCHOWSKY und BAUMANN konnten in meinem Laboratorium nachweisen, daß die aus dem tierischen Polynucleotidkomplex isolierten Spaltprodukte, das Ribodesoxyguanosin und das Ribodesoxyinosin, eine gleich starke, in manchen Fällen viel stärkere Wirksamkeit auf die Hubkraft des Herzens zeigen als die Muskeladenylsäure und das Adenosin aus Hefe. Die Pyrimidinnucleoside und der freie Zucker der Thymusnucleinsäure, die Desoxypentose, erwiesen sich als wirkungslos. Die Desoxypentose, der Zucker der tierischen Nucleinsäure, verhält sich im biologischen Versuch genau wie die beiden anderen bekannten Desoxyzucker. Es sind dies die Zucker der Digitalis und des Strophantin, die

Digitoxose und ihr Methylester, die Cymarose. Beide ebenfalls Desoxyzucker sind nur solange wirksam, wie sie sich in Glucosidbindung im Digitalisglucosid finden. Ob unsere Vermutung, daß die Desoxyglucoside der tierischen Nucleinsäure hinsichtlich ihrer Kreislaufwirkung mit dem Digitalisglucosid nur durch die glucosidische Desoxyzuckerbindung verwandt ist, bedarf noch weiterer Klärung. Auf alle Fälle ist aber gezeigt, daß eine körpereigene Substanz in den Nucleinsäuren vorgebildet ist, die eine eindeutige Kreislaufwirkung entfaltet.

In neuester Zeit ist die alte Ansicht von MIKULICZ, daß die Nucleinsäure und ihre Abbauprodukte für die entzündliche Reaktion im Organismus eine gewisse Rolle spielen, wieder aufgetaucht. Besonders bei der agranulocytären Reaktion soll die parenterale Zuführung von pflanzliche Nucleotiden von ausgezeichneter Wirkung sein. Durch Injektion von Nucleotiden soll bei der Agranulocytose momentane polynucleäre Reaktion von diesen Autoren ausgelöst worden sein.

Ich versuchte in meinem Vortrag, Ihnen zunächst die chemischen Daten beizubringen, die die heutige Auffassung des Polynucleotidmoleküls begründen. Wir lernten die Veränderungen des Nucleotidmoleküls im intermediären Stoffwechsel kennen. Wir gelangten zu der Überzeugung, daß der Abbau der Nucleinsäuren im intermediären Stoffwechsel nicht an *ein* Organ gebunden ist. Allenthalben im Organismus sind Fermente vorhanden, welche die Nucleinsäure abbauen können. Abbaustörungen des Nucleinstoffwechsels als isolierte Organkrankheiten kennen wir nicht. Im Zentrum der Betrachtung des Nucleinstoffwechsels steht die Tatsache, daß die Purine beim Menschen nur bis zur Harnsäure abgebaut werden. Eine menschliche Urikolyse ist weder im Ferment- noch im Stoffwechselversuch erwiesen. Wir versuchten weiterhin die in der Klinik auftretenden Hyperurikämien zu erklären. Die Hyperurikämie bei der Gicht ist die Folge einer funktionellen Minderung der Fähigkeit der Gichtniere, die Harnsäure zu konzentrieren. Zum Schlusse versuchten wir, die biologische Bedeutung der Nucleinsäure im Zellkern und die pharmakologische Bedeutung der Abbauprodukte zu würdigen. Hier ist noch ein weites Feld wissenschaftlicher Analyse vorhanden.

II. Über die Chemie des Blut- und Gallenfarbstoffs.

Wir wollen uns in dieser Vorlesung über den chemischen Aufbau des Gallenfarbstoffes unterhalten. Ich möchte versuchen, Ihnen die historische Entwicklung der chemischen Blutfarbstofforschung und der mit ihr eng verknüpften Gallenfarbstofforschung zu schildern. Es scheint mir, daß so am besten Ihr Verständnis für die heute gültigen Begriffe über die Konstitution dieser beiden eng verwandten Körperfarbstoffe gefördert wird.

Man versuchte auf zwei Wegen einen Einblick in die Konstitution des Blut- und Gallenfarbstoffes zu erhalten: 1. durch den von HOPPE-SEYLER begonnenen Abbau durch Reduktion und 2. durch den von NENCKI bereits versuchten und von KÜSTER erfolgreich beschrittenen Weg des oxydativen Abbaues. NENCKI und SIEBER gelangten durch Reduktion von Hämin mit Zinn und Salzsäure zu basischen Produkten, die sich durch chemische Reaktionen als Pyrrole erwiesen. Pyrrole sind heterocyclische Körper, welche einen fünfgliedrigen Ring mit einem Stickstoffatom in Form einer Iminogruppe enthalten.

NENCKI und ZALESKI erhielten durch energische Reduktion von Hämin mit Eisessig-Jodwasserstoff und nachfolgender Wasserdampfdestillation ein Öl, welches mit dem Namen *Hämopyrrol* belegt wurde. Das Hämopyrrol wurde lange

$$\begin{array}{cc}
\underset{\text{OC}\diagdown\;\diagup\text{CO}}{\overset{\text{H}_3\text{C}\!-\!-\!\text{C}_2\text{H}_5}{}} & \underset{\text{OC}\diagdown\;\diagup\text{CO}}{\overset{\text{H}_3\text{C}\!-\!-\!\text{CH}_2\cdot\text{CH}_2\cdot\text{COOH}}{}} \\
\text{NH} & \text{NH} \\
\text{Methyläthylmaleinimid} & \text{Hämatinsäure}
\end{array}$$

Zeit für ein einheitliches Produkt gehalten. Ein Fortschritt wurde erzielt, als KÜSTER diesen Körper der Oxydation unterwarf und Methyläthylmaleinimid isolierte. Dieser Körper stand in enger Beziehung zu der bereits bekannten Hämatinsäure, die ebenfalls von Küster aus Hämin durch oxydativen Abbau von Blut- und Gallenfarbstoff erhalten worden war.

Es ist das Verdienst Pilotys, erstmals den Nachweis erbracht zu haben, daß neben den basischen Spaltungsprodukten auch saure Spaltprodukte bei der Reduktion des Blutfarbstoffs auftreten. Es gelang ihm, aus Hämatoporphyrin, einem künstlichen Abwandlungsprodukt des Blutfarbstoffs, durch Reduktion mit Zinn und Salzsäure die Hämopyrrol-

$$H_3C \underset{H_3C}{\overset{CH_2 \cdot CH_2 \cdot COOH}{\diamond}} H$$
$$NH$$

Hämopyrrolcarbonsäure

carbonsäure neben Hämopyrrol zu isolieren. Dieser Autor unterwarf auch erstmals das Hämopyrrolöl der fraktionierten Destillation. H. Fischer gelang es dann, durch fraktionierte Destillation das Hämopyrrol in zwei Körper zu zerlegen. Willstätter und Asahina wiesen erstmals nach, daß das Hämopyrrol ein Gemisch isomerer bzw. homologer alkylierter Pyrrole darstellt. Es gelang ihnen, mittels Pikrinsäure aus dem Rohöl drei Basen zu isolieren, die sie Hämopyrrol, das heutige Kryptopyrrol, Isohämopyrrol, das heutige Hämo-

$$H_3C \overset{C_2H_5}{\diamond} CH_3 \qquad H_3C \overset{C_2H_5}{\diamond} H \qquad H_3C \overset{C_2H_5}{\diamond} CH_3$$
$$NH \qquad\qquad NH \qquad\qquad NH$$

Kryptopyrrol   Hämopyrrol   Phyllopyrrol

pyrrol, und Phyllopyrrol nannten. Späterhin konnte von Piloty und Stock in dem Pyrrolgemisch noch ein viertes Pyrrol nachgewiesen werden, das sie Hämopyrrol a nannten, heute aber als Opsopyrrol bezeichnet wird.

$$H_3C \overset{C_2H_5}{\diamond} H$$
$$NH \qquad Opsopyrrol$$

Ebenso gelang es, aus der sauren Fraktion 4 diesen basischen Pyrrolen in ihrer Konstitution analoge Pyrrolcarbonsäuren zu isolieren. Alle Spaltprodukte des reduktiven

$$
\begin{array}{c}
H_3C\!-\!\!-\!\!-\!CH_2\cdot CH_2\cdot COOH \\
CH_3 \\
NH
\end{array}
$$

Kryptopyrrolcarbonsäure

$$
\begin{array}{c}
H_3C\!-\!\!-\!\!-\!CH_2\cdot CH_2\cdot COOH \\
H_3C\qquad H \\
NH
\end{array}
$$

Hämopyrrolcarbonsäure

$$
\begin{array}{c}
H_3C\!-\!\!-\!\!-\!CH_2\cdot CH_2\cdot COOH \\
H_3C\qquad CH_3 \\
NH
\end{array}
$$

Phyllopyrrolcarbonsäure

$$
\begin{array}{c}
H_3C\!-\!\!-\!\!-\!CH_2\cdot CH_2\cdot COOH \\
H\qquad H \\
NH
\end{array}
$$

Opsopyrrolcarbonsäure

Häminabbaues sind heute durch Synthese in ihrer Konstitution sichergestellt.

Der von KÜSTER durchgeführte oxydative Abbau des Hämins und Bilirubins führte zur Auffindung der Hämatin-

$$
\begin{array}{c}
H_3C\!=\!\!=\!CH_2\cdot CH_2\cdot COOH \\
OC\qquad CO \\
NH
\end{array}
$$
Hämatinsäure

säure, deren Konstitution nach mancherlei Irrtümern durch Abbaureaktionen klargelegt wurde. Diese stickstoffhaltige zweibasische Säure erwies sich als Imid einer carboxylierten Methyläthylmaleinsäure.

KÜSTER unterwarf auch, wie wir bereits S. 39 erwähnt haben, das Rohhämopyrrol der Oxydation und konnte hierbei das Imid der Methyläthylmaleinsäure isolieren.

$$
\begin{array}{c}
H_3C\!-\!\!-\!\!-\!C_2H_5 \\
OC\qquad CO \\
NH
\end{array}
$$
Methyläthylmaleinimid

Von Wichtigkeit für die Konstitutionsauffassung war, daß das Methyläthylmaleinimid nur durch Abbau von Mesoporphyrin, Ätioporphyrin, aus Chlorophyllporphyrinen, aus Mesobilirubin und aus Mesobilirubinogen erhalten wurde, dagegen nicht aus Hämin und Bilirubin. Der Grund dieses Befundes, warum der nicht reduzierte Blut- und Gallenfarbstoff bei der oxydativen Aufspaltung kein Methyläthylmaleinimid liefert, soll später aufgezeigt werden.

Aus anderen künstlichen Abwandlungsprodukten des Blutfarbstoffs sowie aus natürlich vorkommenden Porphyrinen wurde noch eine Anzahl von Spaltprodukten isoliert, die aber hier von untergeordnetem Interesse sind.

Die Ausbeute an Pyrrolbasen und Pyrrolsäuren war so groß, daß unter Berücksichtigung der Molekülgröße des Blutfarbstoffs auf die Anwesenheit von vier Pyrrolkernen geschlossen werden mußte. Von Interesse ist, daß der Abbau des biologischen Umwandlungsproduktes des Blutfarbstoffes, des Bilirubins, wesentlich zur Klärung der konstitutionellen Verhältnisse beigetragen hat.

Bilirubin gibt ebenso wie Hämin bei der Oxydation nur Hämatinsäure, die Basenfraktion aber fehlt. Bei der energischen Reduktion entsteht neben wenig Kryptopyrrol

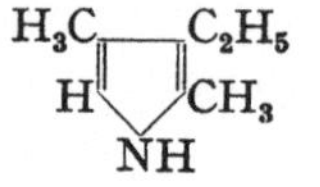

$$
\begin{array}{cc}
\underset{\text{Kryptopyrrol}}{
\begin{array}{c}
H_3C \quad\quad C_2H_5 \\
H \quad\quad CH_3 \\
NH
\end{array}}
&
\underset{\text{Kryptopyrrolcarbonsäure}}{
\begin{array}{c}
H_3C \quad\quad CH_2 \cdot CH_2 \cdot COOH \\
H \quad\quad CH_3 \\
NH
\end{array}}
\end{array}
$$

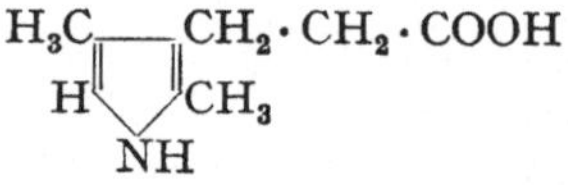

und Kryptopyrrolcarbonsäure als Hauptprodukt die Bilirubinsäure.

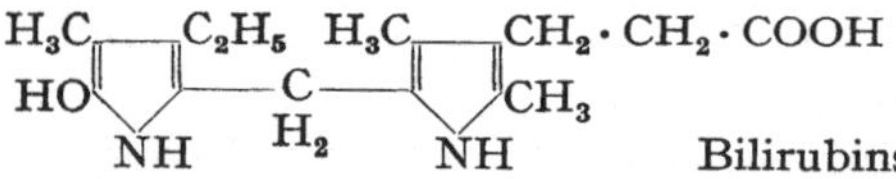

$$
\underset{\text{Bilirubinsäure}}{
\begin{array}{c}
H_3C \quad C_2H_5 \quad H_3C \quad CH_2 \cdot CH_2 \cdot COOH \\
HO \quad\quad C \quad\quad CH_3 \\
NH \quad H_2 \quad NH
\end{array}}
$$

Die Konstitutionsaufklärung der Bilirubinsäure bzw. ihres Dehydrierungsproduktes, der Xanthobilirubinsäure

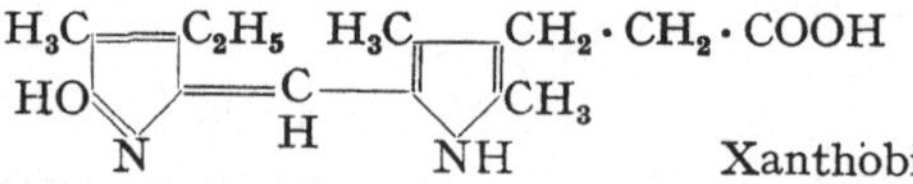

$$
\underset{\text{Xanthobilirubinsäure}}{
\begin{array}{c}
H_3C \quad C_2H_5 \quad H_3C \quad CH_2 \cdot CH_2 \cdot COOH \\
HO \quad\quad C \quad\quad CH_3 \\
N \quad H \quad NH
\end{array}}
$$

ergab, daß hier zwei Pyrrolkerne durch eine Methen- bzw. Methingruppe miteinander verknüpft sind. Die Konstitution dieser bimolekularen Spaltprodukte war von Wichtigkeit für die Konstitutionsauffassung des Blutfarbstoffes, indem sie zeigte, in welcher Weise die Pyrrolkerne im Häminmolekül miteinander verknüpft sind.

Küster stellte durch Kombination der bisher erwähnten Befunde bereits im Jahre 1912 eine Häminformel auf, die im wesentlichen ein richtiges Bild gab und eigentlich nur in der relativen Stellung der in β-Stellung befindlichen Seitenketten

von der heute von H. FISCHER endgültig durch Synthese
bewiesenen Formel abweicht.

$$
\begin{array}{c}
\text{H}_2\text{C}=\text{HC} \qquad\qquad \text{CH}_3 \\
\text{CH} \\
\text{H}_3\text{C}\big\langle\ \text{I}\ \qquad\ \text{II}\ \big\rangle\text{CH}=\text{CH}_2 \\
\text{Cl} \\
\text{N}\ \text{Fe}\ \text{N} \\
\text{HC}\big\langle\qquad\qquad\big\rangle\text{CH} \\
\text{N}\ \text{N} \\
\text{H}_3\text{C}\big\langle\ \text{IV}\ \qquad\ \text{III}\ \big\rangle\text{CH}_3 \\
\text{CH} \\
\text{HOOC}\cdot\text{H}_2\text{C}\cdot\text{H}_2\text{C} \qquad\qquad \text{CH}_2\cdot\text{CH}_2\cdot\text{COOH} \\
\text{Hämin}
\end{array}
$$

Sie erkennen aus der Formel, daß vier pyrrolartige Kerne
in der α-Stellung durch vier Methingruppen zu einem Ring-
system vereinigt sind, und zwar derart, daß ein fortlaufendes
System konjugierter Doppelbindungen entsteht. Zwei
Wasserstoffatome zweier Iminogruppen sind durch die
Gruppe FeCl ersetzt. Das Eisen steht andrerseits noch mit
den zwei basischen Stickstoffatomen der beiden anderen
Pyrrolkerne in komplexer Bindung. Die β-Stellungen sind
durch vier Methylgruppen, zwei Vinylgruppen und zwei
Propionsäurereste in bestimmter Reihenfolge substituiert.
An Hand dieser Formel erkennen Sie auch ohne weiteres,
in welcher Weise die verschiedenen reduktiven und oxydativen Spaltprodukte beim Abbau entstehen. Bei der Reduktion bilden sich die vier verschiedenen, oben angeführten
Pyrrolbasen aus den Kernen I und II, einmal dadurch, daß
die ungesättigten Seitenketten in gesättigte übergehen,
zweitens dadurch, daß der reduktive Spaltprozeß in ganz
verschiedener Weise die Abspaltung der verbindenden
Methingruppen bewerkstelligen kann, d. h. es wird einmal
die Methingruppe vom Kern abgeschlagen, es kommt zum
Auftreten eines Pyrrols mit freier α-Stellung, oder die Methingruppe bleibt am Kern und wird zur Methylgruppe reduziert,
es kommt zum Auftreten eines Pyrrols, das in α-Stellung
eine Methylgruppe trägt. Die β-Stellungen sind bei allen
vier Pyrrolbasen die gleichen. Denkt man sich nun alle
Möglichkeiten der Absprengung der Methingruppen durchgeführt, so ist das Auftreten der vier verschiedenen, teils di-,

teils tri- und teils tetra-substituierten Pyrrolbasen gegeben (bei den ersteren sind zwei freie α-Stellungen vorhanden, bei den letzteren zwei methylsubstituierte α-Stellungen, bei den Tiisubstituierten eine freie und eine methylsubstituierte α-Stellung). Die diesen vier Pyrrolbasen entsprechenden vier verschiedenen Pyrrolsäuren entstehen in ganz analoger Weise aus den Kernen III und IV des Hämins.

Bei der oxydativen Spaltung entstehen aus den Kernen III und IV zwei Moleküle Hämatinsäure. Die Kerne I und II werden hierbei vollständig zerstört, da die beiden Vinylgruppen einen außerordentlich günstigen Angriffspunkt für die Oxydation bieten. Wird das Hämin durch gelinde Reduktion unter Aufnahme von vier H-Atomen in Mesoprophyrin übergeführt, ein Vorgang, bei dem lediglich die beiden Vinylgruppen in Äthylgruppen übergehen, so entstehen jetzt beim oxydativen Abbau außer zwei Molekülen Hämatinsäure noch zwei Moleküle Methyläthylmaleinimid.

Bevor wir nun näher auf die Konstitution des Gallenfarbstoffes eingehen, wollen wir noch etwas ausführlicher die heute gültige Auffassung der Häminformel diskutieren, wie sie durch die klassischen synthetischen Arbeiten von H. FISCHER bewiesen ist. Die Schwierigkeit, die Formel durch Synthese endgültig zu beweisen, lag vorwiegend in der verschiedenen Anordnungsmöglichkeit der in β-Stellung befindlichen Seitenketten. Beim Hämin sind es vier Methyl-, zwei Vinyl- und zwei Propionsäurereste. Es läßt sich nun leicht zeigen, daß durch verschiedene Anordnung dieser verschiedenartigen Substituenten 15 verschiedene Hämine möglich sind, die sich aber auf vier verschiedene einfachere Grundkörper zurückführen lassen. H. FISCHER beschritt in seinen synthetischen Arbeiten auch diesen Umweg über die Grundkörper. Er synthetisierte zunächst die Grundkörper, bei denen die Isomerieverhältnisse einfacher lagen, da bei ihnen nur zwei verschiedene Arten von Substituenten vorliegen. Dann wurde dasjenige synthetische Isomere gesucht, das mit dem aus dem natürlichen Produkt durch Abbau gewonnenen identisch war.

Auf diese Weise wurde von H. FISCHER der Nachweis erbracht, daß das dem Blutfarbstoff zugrunde liegende Gerüst in bezug auf die relative Anordnung der Seitenketten sich vom Ätioporphyrin III ableitet.

Wollen wir die bisher bekannten, großenteils in der Natur vorkommenden Umwandlungsprodukte des Blutfarbstoffes an Hand der Ihnen bereits dargestellten und durch Synthese bewiesenen Formulierung des Hämins erläutern, so gehen wir am besten von den Summenformeln aus und erläutern die entsprechenden Veränderungen am Grundmolekül.

Hämin hat die Summenformel $C_{34}H_{32}N_4O_4FeCl$. Durch Einwirkung verschiedener Agenzien, insbesondere von Säuren, wird das komplex gebundene Eisen aus dem Häminmolekül entfernt, und man gelangt zu den Porphyrinen, die durch ein typisches Spektrum ausgezeichnet sind.

Das dem Hämin in seiner Zusammensetzung und seinem Aufbau völlig entsprechende Porphyrin, das *Protoporphyrin*, ist in krystallisiertem Zustand noch nicht lange bekannt. Es wurde von KÄMMERER durch Bakterieneinwirkung auf Blutfarbstoff erhalten. Das gleiche Porphyrin erhielten H. FISCHER und seine Mitarbeiter bei der kurz dauernden

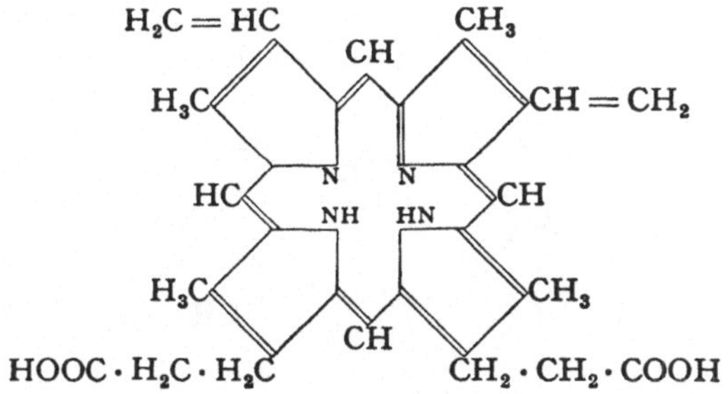

$$H_2C = HC \qquad CH_3$$

Protoporphyrin

Fleischfäulnis. Es wurde ferner aus den gefleckten Eierschalen gewisser Vögel dargestellt. Auf chemischem Wege entsteht es durch Einwirkung von konzentrierter Salzsäure auf Blut oder von Ameisensäure und Eisen auf Hämin. Je nach seiner Herkunft wird es Kämmerers-, Ooporphyrin oder Protoporphyrin genannt. Bei seiner Entstehung ist weiter nichts am Molekül des Hämins geändert, als daß Eisen abgespalten und zwei Wasserstoffatome an dessen Stelle getreten sind.

Mesoporphyrin entsteht durch Reduktion von *Hämin* durch Eisessig, Jodwasserstoff oder durch katalytische Reduktion. Die sich hierbei vollziehende Reaktion spielt sich lediglich an den beiden ungesättigten Vinylgruppen ab und läßt je zwei Wasserstoffatome unter Bildung von zwei Äthylgruppen eintreten. Mesoporphyrin, das noch ein gefärbter Körper darstellt, läßt sich noch weiter reduzieren. Hierbei treten noch sechs weitere Wasserstoffatome ein, und man erhält ein farbloses Produkt, dem das vollständig reduzierte Porphingerüst mit vollständig gesättigten Seitenketten zugrunde liegt. Dieser Körper heißt *Mesoporphyrinogen*.

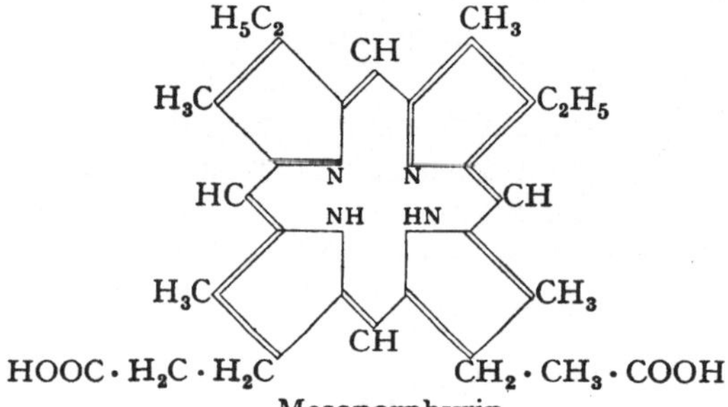

Mesoporphyrin

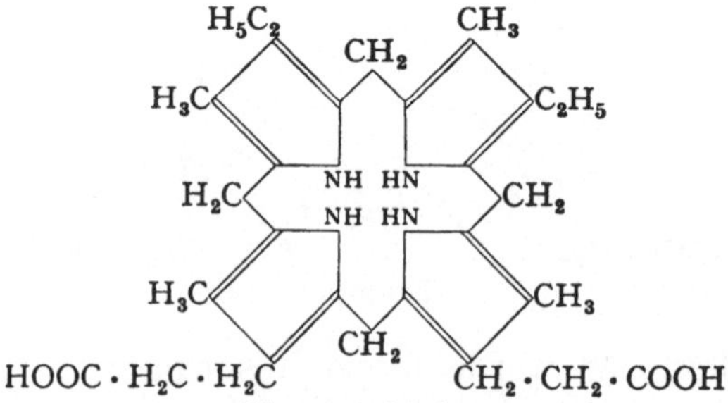

Mesoporphyrinogen

Nimmt man als Reduktionsmittel Eisessig-Bromwasserstoff, so entsteht das *Hämatoporphyrin*, das sich summenformelmäßig vom Hämin bzw. Protoporphyrin um einen Mehrgehalt von zwei Molekülen Wasser unterscheidet. Der Mechanismus der Hämatoporphyrinbildung ist der, daß an den beiden Vinylgruppen Bromwasserstoff angelagert wird

und sich sekundär durch Wassereintritt aus den Gruppen
—CH $=$ CH$_2$ die Gruppen —CHOH—CH$_3$ bilden.

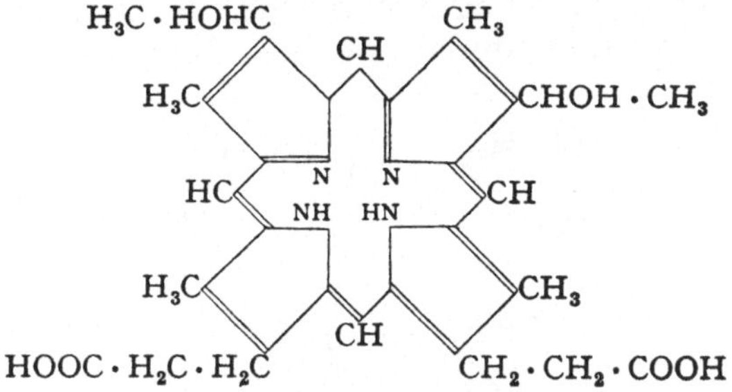

$$\text{Hämatoporphyrin}$$

Hämatoporphyrin ist bisher in der Natur nicht aufgefunden worden. Wegen der Ähnlichkeit seiner Summenformel mit der des Bilirubins glaubte man früher, daß vom
Blutfarbstoff über das Hämotoporphyrin Beziehungen zum
Gallenfarbstoff bestünden. In gleicher Weise hat sich auch
als irrtümlich die Meinung herausgestellt, daß Hämatoporphyrin mit den bei den Porphyrinen vorkommenden Porphyrinen identisch ist.

Ein weiteres Porphyrin entsteht durch lang dauernde
Fäulnis. Hierbei tritt eine tiefgreifende Veränderung am
Häminmolekül ein, die darin besteht, daß beide Vinylgruppen
vollständig abgesprengt werden. Dieses Porphyrin heißt
Deuteroporphyrin. Wird Eisen eingeführt, so entsteht Deu-
terohämin.

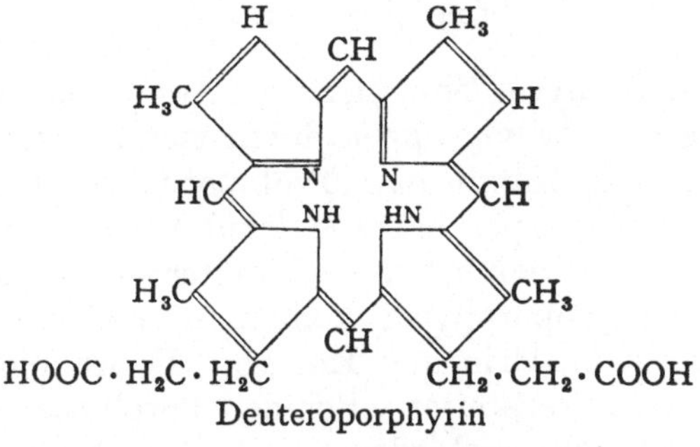

$$\text{Deuteroporphyrin}$$

Die für den Kliniker wichtigen Porphyrine sind in ihrer
Zusammensetzung von den bereits besprochenen Porphyrinen

durch ihren Sauerstoffgehalt verschieden. Die Untersuchungen von H. FISCHER zeigten, daß der hohe Sauerstoffgehalt dieser natürlichen Porphyrine, des *Koproporphyrins* und *Uroporphyrins* durch weitere Carboxylgruppen bedingt ist.

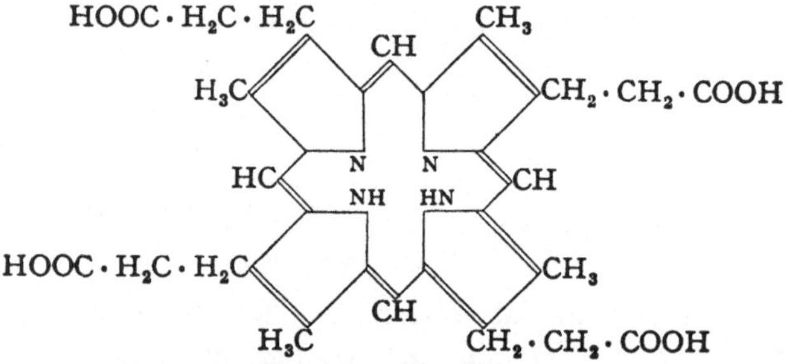

Koproporphyrin I

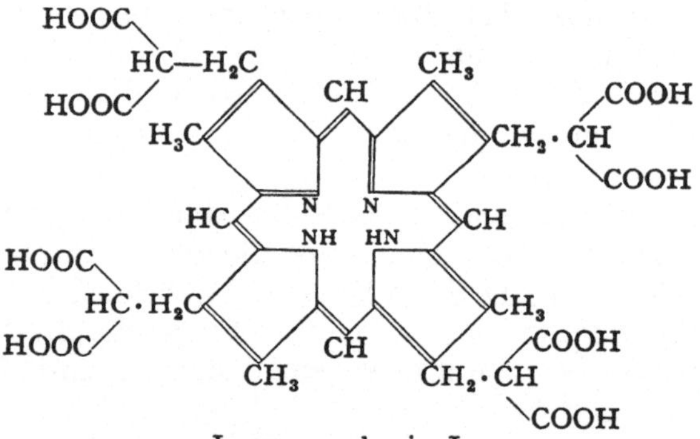

Isouroporphyrin I

Da Koproporphyrin leitet sich vom Ätioporphyrin dadurch ab, daß die vier Äthylgruppen durch vier Propionsäurereste ersetzt sind, vom Hämin bzw. Protoporphyrin dadurch, daß an beiden Vinylgruppen je ein Molekül Ameisensäure addiert zu denken ist, so daß noch zwei weitere Propionsäurereste entstehen. Koproporphyrin kommt normalerweise in geringen Mengen im Urin und Kot vor. Es ist auch sonst in der Natur weit verbreitet. Bei der Porphyrie wird es in großen Mengen ausgeschieden.

Das *Uroporphyrin* enthält noch vier weitere Carboxylgruppen, die ebenfalls in die Propionsäurereste eingetreten sind. Früher nahm man eine Malonsäurestellung der beiden Carboxyle an, wegen der bei der reduktiven Spaltung auf-

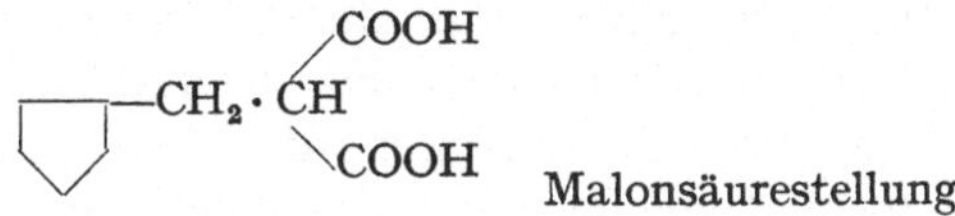

tretenden und in ihrer Konstitution sichergestellten carboxylierten Hämatinsäure. Heute neigt man mehr zu der Auffassung, daß mindestens zwei Seitenketten Bernsteinsäure-

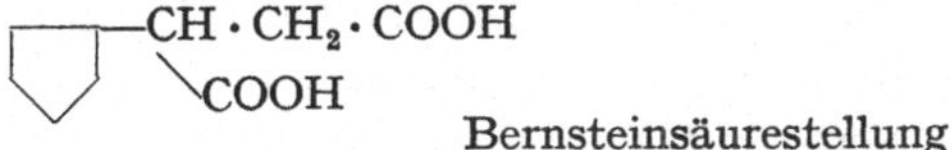

stellung der beiden Carboxyle aufzeigen, da das synthetische Isouroporphyrin I mit Malonsäurestellung mit dem natürlichen sich nicht als identisch erwies.

Von besonderer Wichtigkeit erscheint die Tatsache, daß das Koproporphyrin der Porphyriekranken, das Koproporphyrin aus Hefe und das aus Uroporphyrin und Konchoporphyrin durch Decarboxylierung dargestellte Koproporphyrin sich identisch erwies mit dem synthetisch dargestellten Koproporphyrin, das in der Stellung der Seitenketten dem Ätioporphyrin I entspricht, also in seiner Konstitution nicht mit dem natürlichen Hämin übereinstimmt. Nur HIJMANS VAN DEN BERGH konnte einen Porphyriepatienten beobachten, aus dessen Urin ein Koproporphyrin isoliert wurde, das sich wie das natürliche Hämin vom Ätioporphyrin III ableitet. Über den Ursprung des im normalen Harn vorkommenden Koproporphyrins ist nichts Sicheres bekannt. Durch diese Befunde hat die H. FISCHERsche Lehre vom Dualismus der Porphyrine wichtige Stützen erhalten. Ein Dualismus der Hämine existiert nicht, d. h. bisher konnte kein Hämin, das dem Ätioporphyrin I entspricht, in der Natur aufgefunden werden. Auf Grund der Beobachtung, daß in der Natur Porphyrine der I und IIIer Reihe vorkommen, ist man gezwungen anzunehmen, daß hier die Synthese nach zwei Richtungen erfolgt. H. FISCHER glaubt, daß der Weg zum Koproporphyrin I ein andersgearteter ist, d. h. daß ihm ein anderer Reaktionsmechanismus zugrunde liegt wie der Häminsynthese. Dieser Weg wird bei der Hefe in gewissem

Umfange beschritten. Bei den höheren Lebewesen ist dieses Geleise rudimentär. Die Porphyrie stellt nach dieser Auffassung ein Atavismus dar, d. h. dieser rudimentäre Weg wird wieder gangbar. Es kommt zum Auftreten großer Mengen von Porphyrinen, die durch ihre sensibilisierenden Eigenschaften den Organismus schwer schädigen.

Bilirubin besitzt die Summenformel $C_{33}H_{36}N_4O_6$. Bei der katalytischen Hydrierung entsteht aus Bilirubin der ebenfalls gelbrote Farbstoff *Mesobilirubin* von der Zusammensetzung $C_{33}H_{40}O_6N_4$. Bei diesem Vorgang werden vier Wasserstoffatome an die beiden Vinylgruppen des Bilirubins angelagert und in gesättigte Äthylgruppen übergeführt. Das Mesobilirubin läßt sich durch stärkere Reduktionsmittel unter nochmaliger Aufnahme von vier Wasserstoffatomen in ein farbloses Reduktionsprodukt verwandeln, das *Mesobilirubinogen*. Diese vier Wasserstoffe werden dazu gebraucht, um zwei jeweils zwei Pyrrolkerne verbindende Methingruppen in Methylengruppen überzuführen. Verwendet man als Reduktionsmittel Natriumamalgam, so erhält man aus Bilirubin sofort das Mesobilirubinogen unter Aufnahme von acht Wasserstoffatomen. Mesobilirubinogen hat die Summenformel $C_{33}H_{44}N_{46}O$ und hat sich identisch erwiesen mit dem Urobilinogen des Harns.

Die Summenformel des Bilirubins hat große Ähnlichkeit mit der des Hämatoporphyrins, besonders hinsichtlich des Sauerstoffgehaltes. Vier Sauerstoffatome sind in beiden Verbindungen in Form zweier Carboxylgruppen enthalten. Die beiden übrigen Sauerstoffatome sind hingegen verschieden gebunden. Während sie beim Hämatoporphyrin als Hydroxylgruppen locker in den Seitenketten sitzen, sind sie beim Bilirubin als Hydroxyle fester an den Kern gebunden. Auch verhalten sich beide Körper bei der Reduktion weitgehend verschieden. Während das Hämatoporphyrin bei der energischen Reduktion, wie wir bereits gesehen haben, in einfache Pyrrole zerfällt, bleiben bei der reduktiven Aufspaltung des Bilirubins oder des zu diesem Zwecke besser geeigneten Mesobilirubins noch höher molekulare Produkte erhalten. Auf diese Weise wurde von H. FISCHER und RÖSE und von PILOTY und THANNHAUSER gleichzeitig die Bilirubinsäure erhalten.

Die Konstitutionsaufklärung dieses Körpers ergab, daß hier zwei Pyrrolringe durch eine Methenbrücke in α-Stellung miteinander verknüpft sind. Die Bilirubinsäure ist ein farbloser

$$H_3C\!-\!C_2H_5 \qquad H_3C\!-\!CH_2\cdot CH_2\cdot COOH$$
$$HO\overset{}{\underset{NH}{\bigcirc}}\!-\!\underset{H_2}{C}\!-\!\overset{}{\underset{NH}{\bigcirc}}CH_3$$

Bilirubinsäure

Körper, der von PILOTY und THANNHAUSER durch Oxydation mit Permanganat in die gefärbte Xanthobilirubinsäure übergeführt werden konnte. Diese Verbindung ist dann bald darauf von H. FISCHER und RÖSE durch Alkoholatabbau von Bilirubin und dessen Reduktionsprodukten direkt erhalten worden. Die Konstitutionsaufklärung ergab, daß hier zwei Pyrrolringe durch eine Methingruppe miteinander in Verbindung stehen.

$$H_3C\!=\!C_2H_5 \qquad H_3C\!-\!CH_2\cdot CH_2\cdot COOH$$
$$HO\overset{}{\underset{N}{\bigcirc}}\!-\!\underset{H}{C}\!-\!\overset{}{\underset{NH}{\bigcirc}}CH_3$$

Xanthobilirubinsäure

Diese Erkenntnis war von Wichtigkeit für die Konstitutionsauffassung des Blutfarbstoffes.

Erst in neuester Zeit konnte von H. FISCHER und R. HESS ein weiteres Spaltprodukt durch Resorcinschmelze von Mesobilirubin erhalten werden, das sich durch einen Mindergehalt von CH_2 von der Xanthobilirubinsäure formelmäßig unterscheidet. An Stelle der α-Methylgruppe steht eine freie Methingruppe. Die Verbindung wurde *Neoxanthobilirubinsäure* genannt. Sie besitzt die Formel:

$$H_3C\!=\!C_2H_5 \qquad H_3C\!-\!CH_2\cdot CH_2\cdot COOH$$
$$HO\overset{}{\underset{N}{\bigcirc}}\!=\!\underset{H}{C}\!-\!\overset{}{\underset{NH}{\bigcirc}}H$$

Neoxanthobilirubinsäure

und liefert bei der Reduktion ihre entsprechende Leukoverbindung, die *Neobilirubinsäure*.

$$H_3C\!-\!C_2H_5 \qquad H_3C\!-\!CH_2\cdot CH_2\cdot COOH$$
$$HO\overset{}{\underset{NH}{\bigcirc}}\!-\!\underset{H_2}{C}\!-\!\overset{}{\underset{NH}{\bigcirc}}H$$

Neobilirubinsäure

4*

Es gelang dann auch durch Reduktion von Mesobilirubin mit Eisessig-Jodwasserstoff die Neobilirubinsäure in guter Ausbeute neben der alten Bilirubinsäure zu isolieren. Durch Kondensation von zwei Molekülen analytisch gewonnener Neoxanthobilirubinsäure mit einem Molekül Formaldehyd wurde auf synthetischem Wege Mesobilirubin dargestellt, das sich auf den ersten Blick als identisch mit natürlichem Mesobilirubin erwies. Auf Grund dieses Befundes wurde von H. FISCHER die Ansicht ausgesprochen, daß die Neoxanthobilirubinsäure die zweite Hälfte des reduzierten Bilirubinmoleküls, des Mesobilirubins darstellt. Nach dieser Konstitutionsauffassung würde dem Bilirubin eine geradlinige Kette von vier Pyrrolringen zugrunde liegen. In bezug auf die Anordnung der Seitenketten wäre das Bilirubin symmetrisch gebaut und müßte sich vom Hämin, das dem Ätioporphyrin IV entspricht, ableiten. Es würde aus Hämin in der Weise entstehen, daß eine α-ständige Methinbrücke herausoxydiert wird unter Bildung von zwei kernsubstituierten α-ständigen Hydroxylgruppen. In einer späteren Arbeit mit SIEDEL wurde von H. FISCHER der Nachweis geführt, daß diese Ansicht falsch ist und der Gallenfarbstoff vielmehr in der Anordnung der Seitenketten vollkommen mit dem Blutfarbstoff übereinstimmt, sich also ebenfalls vom Ätioporphyrin III ableitet, ihm also ein unsymmetrischer Bau zukommen muß. Sie erkannten, daß die analytisch erhaltene Neoxanthobilirubinsäure ein Gemisch zweier Isomeren darstellt, der Neo- und der Isoneoxanthobilirubinsäure, beide unterscheiden sich durch die Reihenfolge der Methyl- und Äthylgruppe an Kern I.

Neoxanthobilirubinsäure

Isoneoxanthobilirubinsäure

In gleicher Weise zeigte sich auch die analytische Xanthobilirubinsäure als ein Gemisch von Xantho- und Isoxanthobilirubinsäure.

Durch Synthese wurde die Konstitution dieser Körper sichergestellt. An Hand der Formel des Mesobilirubins er-

kennen Sie, daß bei der reduktiven Spaltung zwei bimoleku-
lare Spaltprodukte entstehen, von denen eins eine freie
Methingruppe besitzt, das andere eine Methylgruppe in

Xanthobilirubinsäure   Isoxanthobilirubinsäure

α-Stellung. Auf diese Weise kommt es infolge des asymmetri-
schen Baues des Mesobilirubinmoleküls zum Auftreten von
vier verschiedenen Spaltprodukten. Zwei enthalten eine
α-ständige Methylgruppe. Es sind dies die beiden isomeren
Xanthobilirubinsäuren. Die zwei anderen besitzen eine freie
Methingruppe in α-Stellung. Es sind dies die beiden isomeren
Neoxanthobilirubinsäuren. Die endgültige Synthese des
natürlichen, unsymmetrischen Mesobilirubins ist bisher von
H. FISCHER noch nicht publiziert worden, dürfte aber bald
zu erwarten sein.

*Nach der heute gültigen Auffassung leitet sich das Bilirubin
vom natürlichen Hämin in der Weise ab, daß die Aufsprengung
des Porphingerüstes an der α-Methingruppe erfolgt. Theo-
retisch ist die Möglichkeit für das Auftreten verschiedener Bilirubine dadurch vorhanden, daß die Ringsprengung beim biologischen Blutfarbstoffabbau jeweils an einer der anderen
Methinbrücken erfolgen könnte.*

Hämin IX

Eine weitere Möglichkeit für das Auftreten verschiedener
bilirubinoider Farbstoffe ist dadurch gegeben, daß aus nieder-

molekularen Abbauprodukten des Blutfarbstoffes, die nur
ein oder zwei Pyrrolkerne enthalten, durch sekundäre Synthese der Gallenfarbstoff aufgebaut würde. So wäre es
denkbar, daß die Synthese nach verschiedenen Richtungen

$$\text{Bilirubin IX}\alpha$$

hin erfolgen kann. Diese Anschauung hat heute an Wahrscheinlichkeit eingebüßt, seitdem erkannt ist, daß das Bilirubin mit dem natürlichen Hämin in der Anordnung der
Seitenketten übereinstimmt, also durch einfache Ringsprengung aus Hämin entstehen kann. Es muß aber betont
werden, daß es bis heute noch nicht gelungen ist, Hämin
oder das dem Hämin entsprechende Pophyrin, das Protoporphyrin, im Reagensglas in Bilirubin überzuführen.

Bei Annahme der obigen Konstitutionsformel für Bilirubin
ist das Auftreten einer Keto-Enoltautomerie möglich. Beide
tautomere Formen sind zur Erklärung der verschiedenen
Reaktionsfähigkeit des Bilirubins herangezogen worden.
Schon vor längerer Zeit hat H. FISCHER die Existenz eines
Furanringes beim Bilirubin diskutiert, um das verschiedene

Verhalten der Vinylgruppen beim Hämin und Bilirubin zu
erklären. Durch die Leichtigkeit, mit der ein solcher Ring
gesprengt werden kann, ist die theoretische Möglichkeit des
Auftretens zweier verschiedener Bilirubine gegeben.

Nachdem wir die heute gültige Formulierung des Bilirubins kennengelernt haben, sei noch kurz auf einige andere
wichtige Abwandlungsprodukte und einige in naher Beziehung zum Bilirubin stehende Körper eingegangen. Wir
haben bereits die beiden Reduktionsprodukte des Bilirubins
kennengelernt, das Mesobilirubin und das Mesobilirubinogen.

In neuester Zeit ist es H. Fischer und Baumgartner gelungen, ein weiteres Reduktionsprodukt des Bilirubins zu

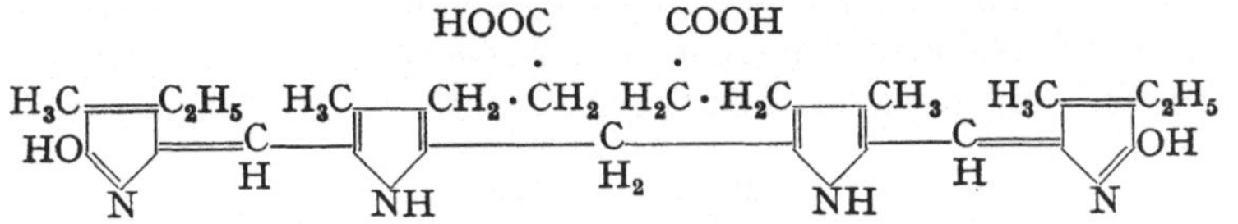

$$HOOC \qquad COOH$$

$$H_3C{-}C_2H_5 \quad H_3C{-}CH_2\cdot CH_2 \quad H_2C\cdot H_2C{-}CH_3 \quad H_3C{-}C_2H_5$$

Mesobilirubin

$$HOOC \qquad COOH$$

$$H_3C{-}C_2H_5 \quad H_3C{-}CH_2\cdot CH_2 \quad H_2C\cdot H_2C{-}CH_3 \quad H_3C{-}C_2H_5$$

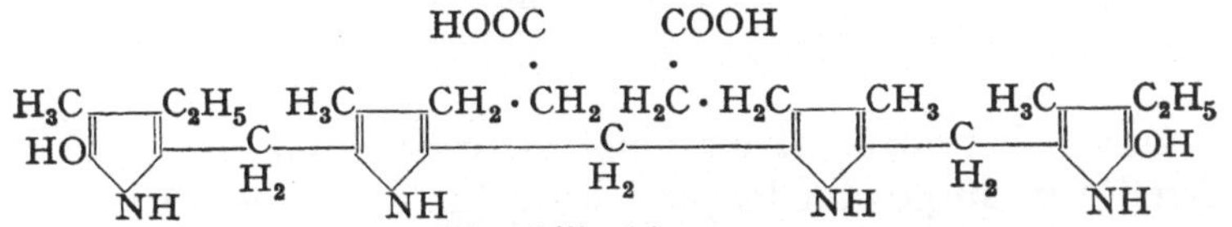

Mesobilirubinogen

fassen, das zwischen Mesobilirubin und Mesobilirubinogen
einzuordnen ist. Es hat zwei Wasserstoffatome mehr als
Mesobilirubin und daher den Namen *Dihydromesobilirubin*
erhalten. Es entsteht durch Reduktion einer Brücken-
methingruppe des Mesobilirubins. Wegen des asymmetri-
schen Baues des natürlichen Mesobilirubins sind zwei Isomere
möglich. Die Verbindung ist durch eine violette Ehrlich-
sche Reaktion und durch eine fehlende Gmelinsche Reaktion ausgezeichnet.

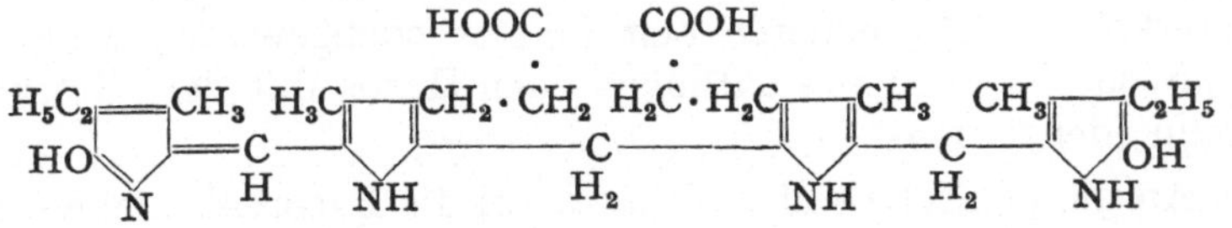

$$HOOC \qquad COOH$$

$$H_5C_2{-}CH_3 \quad H_3C{-}CH_2\cdot CH_2 \quad H_2C\cdot H_2C{-}CH_3 \quad CH_3{-}C_2H_5$$

Durch Oxydation mit Eisenchlorid erhielten H. Fischer
und seine Mitarbeiter aus Mesobilirubin das eisenhaltige
Ferrobilin. Die entsprechende eisenfreie Verbindung ist das
Glaukobilin. Bei dem seiner Bildung zugrunde liegenden
Dehydrierungsvorgang wird die mittelständige CH_2-Gruppe
in eine CH-Gruppe umgewandelt unter Bildung einer neuen
Doppelbindung. Auch dieser Vorgang muß wegen des asym-
metrischen Baues des Mesobilirubins zu zwei isomeren
Glaukobilinen führen. Glaukobilin ist chemisch als *De-
hydromesobilirubin* anzusprechen.

In analoger Weise erhielt LEMBERG aus Bilirubin das
Dehydrobilirubin, das nach seinen Untersuchungen identisch
sein soll mit einem von dem gleichen Autor aus Hunde-
placenta isolierten Farbstoff *Uteroverdin* bzw. einem aus
Eierschalen gewisser Vögel erhaltenen Farbstoff *Oocyan*.

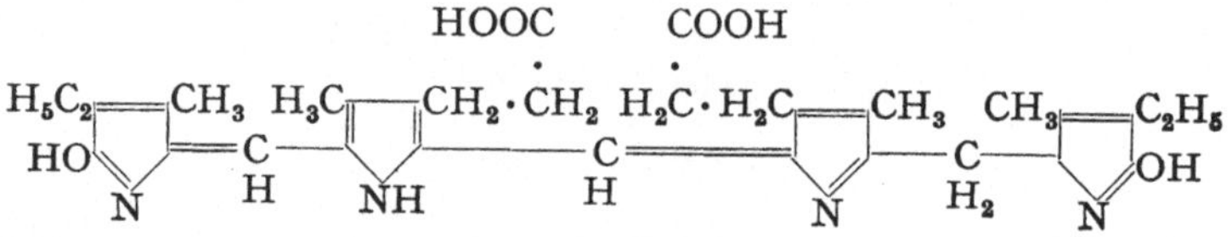

$$\text{H}_5\text{C}_2{=}\text{CH}_3 \quad \text{H}_3\text{C}{-}\overset{\text{HOOC}}{\text{CH}_2}\cdot\overset{\text{COOH}}{\text{CH}_2}\ \text{H}_2\text{C}\cdot\text{H}_2\text{C}{=}\text{CH}_3 \quad \text{CH}_3{=}\text{C}_2\text{H}_5$$

Der Gallenfarbstoff wird normalerweise mit der Galle in
den Darm ausgeschieden und wird durch die reduktive Wirkung der Darmbakterienflora bis zur Stufe des Mesobili-
rubinogens reduziert. Dieses wird zum größten Teil resorbiert,
gelangt in die Leber und wird dort zum großen Teil zerstört.
Ein kleiner Teil gelangt in den großen Kreislauf und wird als
Urobilinogen im Urin ausgeschieden. Bei Erkrankungen der
Leber wird es in vermehrter Menge im Harn ausgeschieden
und ist die Ursache der EHRLICHschen Aldehydreaktion. Das
Mesobilirubinogen bzw. das Urobilinogen ist durch eine
außerordentliche Sauerstoff- und Lichtempfindlichkeit ausgezeichnet. Dabei tritt Urobilinbildung ein. Urobilin ist in
größerer Menge im normalen Kot nachweisbar und heißt hier
Sterkobilin. In neuerer Zeit konnte nachgewiesen werden,
daß das Urobilin des pathologischen Harns mit dem Sterkobilin identisch ist.

An dieser Stelle soll noch kurz auf die Farbreaktionen eingegangen werden, die für diese Körperklasse charakteristisch
sind. Während die Reaktion, die Rotfärbung mit einer alko-
holischen salzsauren Lösung von Paradimethylaminobenz-
aldehyd, dem EHRLICHschen Reagens unspezifisch ist und
eine allgemeine Pyrrolreaktion darstellt, ist die GMELINsche
Reaktion weitgehend spezifisch. Die GMELINsche Reaktion
wird heute nach H. FISCHER als Phasenprobe angestellt.
Wird eine Lösung von Bilirubin in Chloroform mit konzentrierter Salpetersäure, die eine Spur salpetriger Säure oder
Natriumnitrit enthält, überschichtet, so tritt zeitlich nach-
einander ein Farbenspiel von Grün, Blau, Violett, Orange-

gelb auf, zuletzt tritt Entfärbung ein. Außer Bilirubin gibt
auch Mesobilirubin sowie eine Anzahl aus Bilirubinsäure und
Aldehyden synthetisch hergestellter bilirubinoider Farbstoffe
diese Reaktion. Wir wissen heute, daß das Auftreten der
GMELINSchen Reaktion an die Gegenwart verschiedener
Oxydationsstufen gebunden ist, die durch stufenweise De-
hydrierung eines aus vier Pyrrolringen bestehenden Systems
entstehen. Die Farbreaktion ist beendet mit der Rotphase,
dem ein vollkommen aufoxydiertes, sogenanntes holochinoides
System zugrunde liegen soll. Dann tritt schließlich in der
Entfärbungsphase vollkommener Zerfall in einfache Pyrrole
ein. Es ist H. FISCHER neuerdings gelungen, im Falle des
Ätiomesobilirubins die den einzelnen Phasen der GMELIN-
schen Reaktion zugrunde liegenden Farbstoffe in krystallisiertem Zustande zu isolieren. Es scheint durchaus die
Möglichkeit gegeben, daß beim biologischen Blutfarbstoffabbau, z. B. in Blutergüssen, über das Bilirubin hinaus die
einzelnen Phasen der GMELINSchen Reaktion durchlaufen
werden.

III. Über den Ort der Gallenfarbstoffbildung.

Wir haben gesehen, daß der chemische Prozeß bei dem Übergang des Blutfarbstoffes in den Gallenfarbstoff einer oxydativen Abspaltung einer Methingruppe gleichzusetzen ist. Die Methingruppe wird wahrscheinlich als Ameisensäure oder Kohlendioxyd herausoxydiert und gleichzeitig an die Stellen, welche durch die Methingruppen verbunden waren, alkoholische Hydroxylgruppen an das nunmehr resultierende Bilirubingerüst treten. Eine oxydative Reaktion, die wahrscheinlich durch Fermente bewerkstelligt wird.

Es ist nunmehr die Frage zu beantworten, ob derartige oxydative Fermente nur in einem Organ im menschlichen Organismus vorhanden sind oder ob sie ubiquitär in allen menschlichen Organen vorkommen. Wir wollen tunlichst den Irrtum vermeiden, der so häufig in der Literatur anzutreffen ist, daß bei der Besprechung des Ortes der Gallenfarbstoffbildung die Ikterusentstehung gleichsinnig behandelt wird. *Die Fähigkeit, den Gallenfarbstoff zu bilden, ist der Entstehung der Gelbsucht nicht gleichzusetzen.*

Die älteste klinische Beobachtung über Gallenfarbstoffbildung ist die Feststellung, daß bei Kontusionen und Blutaustritten an den betreffenden Orten der Haut und des Unterhautzellgewebes Farbspiele auftreten, die von rot über gelb nach grün und violett führen, ein ähnliches Farbenspiel wie wir es bei der GMELINschen Reaktion kennen. VIRCHOW war wohl der erste, der in alten Hirnblutungen mikroskopisch orangefarbige Krystalle feststellte, die äußerlich dem Bilirubin sehr ähnlich waren, und die er Hämatoidin nannte. Ähnliche Krystalle wurden auch in größerer Menge in Echinococcusblasen gefunden und ihre Entstehung in diesen Gebilden auf einen örtlich in der Echinococcusblase sich vollziehenden Blutfarbstoffabbau zurückgeführt. Diese Hämatoidinkrystalle der Krystallform nach mikroskopisch dem Bilirubin sehr ähnlich. Die Farbe ist aber viel leuchtender rot, wie ich sie jemals bei Bilirubin, das aus Gallensteinen gewonnen war, gesehen habe. H. FISCHER hat durch Analyse und Krystall-messungen festgestellt, daß Hämatoidin und Bilirubin iden-tisch sind. Mit dieser Feststellung war zum ersten Male klar erwiesen, daß Bilirubin auch außerhalb der Leber im Gewebe gebildet werden kann.

Nach den Untersuchungen von NAUNYN und MINKOWSKI an arsenwasserstoffvergifteten, entleberten Gänsen glaubte man, daß der Ort der Gallenfarbstoffbildung ausschließlich in der Leber zu suchen ist. Aber schon diesen Forschern ist es nicht entgangen, daß auch bei entleberten Gänsen eine kleine Menge von Bilirubin in den Säften zu finden ist. Je-doch glaubten sie, in der Leberzelle selbst den Hauptort der Gallenfarbstoffbildung suchen zu müssen. Der auch von ihnen möglich gehaltenen Bildung von Gallenfarbstoff außer-halb der Leber haben sie nur eine geringe Bedeutung beigemessen.

WHIPPLE und HOOPER zeigten wohl als erste in einwand-freien Versuchen, daß bei Ausschaltung der Leber und der Baucheingeweide aus der Zirkulation doch noch Gallenfarb-stoff im Blutplasma zu finden ist. ASCHOFF und seine Schüler McNEE und LEPEHNE versuchten nun den Ort festzustellen, wo außerhalb der Leber der Gallenfarbstoff gebildet werden kann. In ausgedehnten Untersuchungen kamen sie zu der Feststellung, daß allenthalben in den Reticulumzellen eine Umwandlung des Blutfarbstoffes in Gallenfarbstoff möglich ist. Die überragende Beteiligung der Leber an der Gallen-farbstoffbildung ist nach diesen Autoren nicht der Leberzelle selbst zuzuschreiben, sondern den in der Leber außerordent-lich reichlich vorhandenen Reticuloendothelien, die als KUPFFERsche Sternzellen bekannt sind, zuzuerteilen. Durch die Leberexstirpationsversuche NAUNYNs und MINKOWSKIs waren mit der Leber nicht nur die Leberzellen, sondern auch die reticulo-endothelialen Elemente, das sogenannte Milz-gewebe, in der Leber entfernt. Die Vögel, welche nur eine kleine Milz und sehr wenig Knochenmark, aber eine sehr große Leber mit KUPFFERschen Sternzellen besitzen, haben ihr ganzes Reticuloendothel in der besonders großen Leber.

Durch die Untersuchungen von HIJMANS VAN DEN BERGH ist festgestellt, daß das Milzvenenblut mehr Bilirubin enthält als das Blut der Arterie. Auch in der Milz wird das Reticuloendothel als die Bildungsstätte des in der Milzvene reichlicher vorhandenen Bilirubins angesprochen.

Mann und Magath haben an leberlosen Hunden eine intensive Gelbsucht konstatiert. Wenngleich Thannhauser und Jenke und gleichsinnig Melchior, Rosenthal und Licht feststellten, daß diese Gelbsucht der Hunde nicht nur durch Bilirubin, sondern wesentlich durch einen anderen gelben Farbstoff verursacht ist, so ist doch durch Mann und Magath der Nachweis erbracht, daß leberlose Hunde Bilirubin außerhalb der Leber in mäßiger Menge bilden können.

In neueren Untersuchungen weisen Aschoff und seine Schüler darauf hin, daß in hämorrhagischen Infarkten der Lunge sowie bei experimentellen Bluteingießungen in die Lungenalveolen auch in der Lunge Bilirubinkrystalle mikroskopisch gefunden werden. Ich selbst habe Präparate von Geh.-Rat Aschoff gesehen, wo in Thromben reichlich gelbe, rosettenförmige Krystalle festzustellen waren, welche mit großer Wahrscheinlichkeit als Bilirubin anzusprechen sind. Ähnliche Feststellungen in anatomischen Präparaten sind auch von Lignac publiziert.

Aschoff glaubt neuerdings, daß nicht nur das Reticuloendothel in und außerhalb der Leber, sondern überall, wo aus zugrunde gehenden Zellen Fermente frei werden, so im Blutplasma selbst oder in alten Infarkten, eine fermentative Bildung von Gallenfarbstoff möglich ist. Nach Aschoffs Ansicht würden fast alle Zellen die Möglichkeit haben, innerhalb der Zelle aus Blutfarbstoff Bilirubin zu bilden. Das abgespaltene Eisen würde unter Umständen in der lebenden Zelle selbst aus dem kolloidalen in den festen Zustand übergehen und als Eisenablagerung sichtbar werden, während aus der lebenden Zelle das einmal gebildete Bilirubin in gelöstem Zustande herausbefördert werden könne. Anders bei der abgestorbenen Zelle, aus der die Fermente frei werden und das durch fermentative Einwirkung gebildete Bilirubin in dem abgestorbenen, nicht vascularisierten Material liegen bleibt. Aschoff steht somit auf dem Standpunkt, daß die Fermente, welche aus dem Blutfarbstoff Bilirubin bilden können, nicht nur dem Reticuloendothel eigentümlich sind, sondern allenthalben in den Zellen vorkommen; er setzt die bilirubinbildenden Fermente in Parallele mit den Fermenten des Purinhaushaltes, die nach unserer Annahme ubiquitär im Organismus vorkommen.

Für den Ort der Gallenfarbstoffbildung stehen sich heute die Ansichten der beiden Schulen: MINKOWSKI, NAUNYN, ROSENTHAL und die ASCHOFFs und seiner Schüler diametral gegenüber, wobei die eine wie die andere gewichtige Gründe aus der Pathologie des Ikterus beibringen kann, die für ihre Ansicht des Ortes der Gallenfarbstoffbildung angeführt werden können. Bei dieser Beweisführung wird aber übersehen, daß die Entstehung des Ikterus als Hauptargument für den Ort der Gallenfarbstoffbildung ins Feld geführt wird, ein Beginnen, vor dem wir schon eingangs gewarnt haben. Man darf die Ikterusätiologie nicht eindeutig auf den Ort der Gallenfarbstoffbildung umwerten.

Überblicken wir die experimentellen Daten der Beweisführungen beider Schulen, so ist eines mit Sicherheit festzustellen, daß Bilirubin auch außerhalb der Leber gebildet werden kann. Der Ort der Bildung ist nach den ASCHOFFschen Befunden nicht nur das Reticuloendothel, sondern allenthalben in den verschiedenen Organen können Fermente, die aus zerfallenden Zellen frei werden, Bilirubin bilden. Mit dieser Feststellung der ubiquitären Fähigkeit zur Gallenfarbstoffbildung ist aber noch keineswegs die Feststellung der quantitativen Verhältnisse der Gallenfarbstoffbildung entschieden, d. h. es ist bis heute noch kein Beweis erbracht, ob in den Reticuloendothelien der Leber oder ob außerhalb der Leber die Hauptmenge des Gallenfarbstoffes, die mit der Galle ausgeschieden wird, aus dem Blutfarbstoff entsteht. Aber gerade in dieser Frage liegt der Angelpunkt für die Möglichkeit der Entstehung eines anhepatischen Ikterus. Hierdurch ist die in der Literatur irreführende Verquickung von Ikterus und Gallenfarbstoffbildung entstanden. Es ist der Nachweis erbracht, daß außerhalb der Leber Gallenfarbstoff entsteht. Es ist aber nicht der Nachweis erbracht, daß physiologischer- und pathologischerweise die Hauptmenge des täglich zur Ausscheidung gelangenden Gallenfarbstoffes außerhalb der Leber gebildet wird.

Es möge uns jetzt erlaubt sein, ganz kurz die Frage des Ikterus für die Entstehung der Hauptmenge des täglich zur Ausscheidung gelangenden Bilirubins heranzuziehen. Es ist meiner Meinung nach bisher noch nie erwiesen, daß ein noch so großes Angebot von außerhalb der Leber entstehendem Bilirubin bei gesunder Leber und intakten Gallencapillaren eine ungenügende Ausscheidung zur Folge gehabt hätte. Die physiologische Breite der Gallenfarbstoffkonzentration in der Galle ist unbekannt. Dadurch ist es unmöglich von einer pathologischen Erhöhung der Gallenfarbstoffkonzentration, von einer Pleiochromie, zu sprechen. Die sogenannten Gallenthromben sind kein Beweis für eine pleiochrome Galle, ebensowenig wie das Auftreten von Cylindern als Beweis für einen besonders hohen Eiweißgehalt des Urins gelten kann. Wir kennen keine Versuche, die mit einwandfreier Methode ausgeführt gleichsinnig mit einem erhöhten Bilirubingehalt im Serum einen erhöhten Bilirubingehalt der Galle aufweisen. Auch die Untersuchungen von Tsunoo und seinen Schülern können in diesem Punkte nicht überzeugen. Es erscheint wenig wahrscheinlich, daß sehr große Mengen Gallenfarbstoff in physiologischen und pathologischen Zuständen *außerhalb* der Leber gebildet werden und durch eine Erhöhung der Gallenfarbstoffkonzentration, d. h. durch eine Pleiochromie in der Galle in Erscheinung treten können.

In den letzten Jahren hat Hijmans van den Bergh die von Ehrlich-Pröscher gefundene Diazoreaktion des Bilirubins für die quantitative Messung des Bilirubins in nutzbringender Weise eingeführt. Hijmans van den Bergh hat gefunden, daß bilirubinhaltige Seren direkt mit Diazoniumlösung kuppeln, sogenannte direkte Reaktion. Die Kuppelungsreaktion tritt unter Umständen verstärkt ein, wenn vorher das Eiweiß mit Alkohol ausgefällt ist. Bei manchen ikterischen Seren gelingt die Kuppelungsreaktion überhaupt erst nach Zusatz von Alkohol (indirekte Reaktion). Es liegt eine ausführliche Literatur über die Ursache dieser direkten und indirekten Kuppelungsreaktionen vor. Die Tatsache, daß bei gewissen Krankheiten, wie beim sogenannten familiären hämolytischen Ikterus, bei der perniziösen Anämie und beim Icterus neonatorum nur die indirekte Reaktion im

ikterischen Serum zu bewerkstelligen ist, während bei Leber-
erkrankungen und beim Steinikterus die direkte Reaktion
vorherrscht, hat Veranlassung gegeben, aus dem Ausfall dieser
Reaktion Rückschlüsse auf den Ort der Gallenfarbstoffbildung zu ziehen. Besonders die ASCHOFFsche Schule ist
geneigt, das indirekte nach Alkoholfällung kuppelnde Bilirubin, welches ASCHOFF neuerdings als Bilirubin I bezeichnet,
als außerhalb der Leber gebildeten Gallenfarbstoff anzusprechen. Es erscheint uns nicht angängig, aus dem Ausfall
der Diazoreaktion einen Schluß auf den Ort der Entstehung
des Gallenfarbstoffes zu ziehen. In vielen Arbeiten hat man
zu zeigen versucht, daß physikalische Zustände des Milieus
für die Art der Reaktion maßgebend sind. Man hat dem
Gehalt des Serums an Globulin und Albumin, dem Alter des
Serums und auch dem Gehalt des Serums an gelösten Kationen
und Anionen einen Einfluß auf den Ausfall der Reaktion
zugeschrieben. Sicher erscheint mir, daß mannigfache Faktoren, die im Milieu des Serums selbst liegen, einen verschiedenen Ausfall der Diazoreaktion bewirken können.
Durch diese im Serum selbst gelegenen Möglichkeit ist es
mehr als fraglich, direkt und indirekt kuppelndes Bilirubin
nach seinem Entstehungsort als hepatogen und anhepatogen
entstanden zu trennen. Auch die Tatsache, daß direkt kuppelndes Bilirubin II leichter in den Harn übergeht, während
indirekt kuppelndes Bilirubin I nur sehr schwer und bei
hohen Serumkonzentrationen in den Harn übergeht, läßt
eine derartige Deutung kaum zu. Andererseits hat die Auffassung ASCHOFFs, daß Bilirubin bei der Ausscheidung in die
Galle durch die Leberzelle eine Veränderung erfährt, viel
Bestechendes für sich. Indirekt kuppelndes Bilirubin I
würde durch die Ausscheidung durch die Leberzelle in direkt
kuppelndes Bilirubin II umgewandelt. Die Tatsache, daß
bei allen Formen des Resorptionsikterus und des Stauungsikterus im Blute Bilirubin II gefunden wird, fände ihre Erklärung. Das Bilirubin ist bei diesen Zuständen bereits von
der Leberzelle in die Gallencapillaren und Gallengänge ausgeschieden und hat bereits die Umwandlung in direkt kuppelndes Bilirubin II erfahren. Beim Retentionsikterus durch
Parenchymschädigung beim hämolytischen Ikterus, beim Icte-

rus neonatorum und bei perniziöser Anämie hingegen hätte das Bilirubin die Leberzelle noch nicht passiert und würde aus diesem Grunde die indirekte Reaktion geben.

Trotz dieser fürs erste einleuchtenden Betrachtungsweise ist nicht erklärt, warum die quantitativen Verhältnisse der direkten und indirekten Reaktion des Serums außerhalb des Körpers im Reagensglas sich verändern, wenn man bilirubinhaltiges Serum längere Zeit stehen läßt oder gar durch Zusatz von eiweißfällenden Agenzien in seiner Eiweißkonzentration ändert.

Erinnern wir uns des chemischen Aufbaues des Bilirubingerüstes, so erscheinen uns Möglichkeiten gegeben, daß indirekt kuppelndes Bilirubin I und direkt kuppelndes Bilirubin II infolge ganz geringer Veränderungen in ihrem Molekül zwei verschiedene chemische Individuen sein können. Ich erinnere dabei an die Möglichkeit der Bildung eines Furanringes oder an die Möglichkeit des Auftretens von Isomeren. FOWWEATHER bringt das verschiedene Kuppelungsvermögen in Beziehung zu der beim Bilirubin möglichen Keto-Enoltautomerie.

Es scheint demnach möglich, daß der Übergang von Bilirubin I in Bilirubin II und umgekehrt durch verschiedenartige chemische Vorgänge bewerkstelligt werden kann. Einer dieser Vorgänge ist mit großer Wahrscheinlichkeit die Veränderung, welche das Bilirubin nach ASCHOFFs Untersuchungen bei seiner Ausscheidung durch die Leberzelle erleidet. Es ist aber damit nicht gesagt, daß nur die Leberzelle diese Veränderung herbeiführen kann. Die bisher vorliegenden Untersuchungen machen es wahrscheinlich, daß auch andere chemische Einwirkungen auf das Bilirubinmolekül, wie sie außerhalb der Leberzelle im Serum vor sich gehen können, indirekt kuppelndes Bilirubin in direkt kuppelndes Bilirubin verwandeln dürften. Aus der Klinik der Gelbsucht wissen wir rein empirisch, daß das Vorhandensein von indirekt oder direkt kuppelndem Bilirubin für gewisse Krankheitsgruppen charakteristisch und zur Diagnose verwertbar ist. Man würde aber zu weitgehen, wollte man aus dem Ausfall der HIJMANS VAN DEN BERGHschen Reaktion sowohl auf die Bildungsstätte des Bilirubins wie auch auf das

Verhältnis des Bilirubins zur Leberzelle selbst eindeutige Schlüsse ziehen.

Dem Irrtum einer derartigen Beweisführung unterliegen auch die neueren Untersuchungen von ROSENTHAL, mit denen er die MINKOWSKI-NAUNYNsche Lehre der Entstehung des Gallenfarbstoffes in der Leberzelle neuerdings zu stützen sucht. ROSENTHAL versuchte das Reticuloendothel durch intravenöse Vorbehandlung mit kolloidalem Kupfer zu blockieren. Einspritzungen von Ikterogen, einer Dimethyl-pyrrolphenylarsinsäure, erzeugte trotz Blockierung starken Ikterus. ROSENTHAL zieht aus diesem Ergebnis den Schluß, der entstehende Ikterus beweist die Gallenfarbstoffbildung in der Leberzelle. Diese Beweisführung hat vier Dinge zur Voraussetzung: 1. daß das Ikterogen ein Blutgift ist, das rote Blutkörperchen zum Zerfall bringt, 2. daß aus dem Farbstoffanteil des Hämoglobins unter allen Umständen Bilirubin entsteht, 3. daß das Reticuloendothel durch kolloidales Kupfer so vergiftet ist, daß es zu keiner Bilirubinbildung mehr befähigt ist und endlich 4. daß der Ikterus infolge einer übermäßigen Bildung von Gallenfarbstoff in der Leberzelle hervorgerufen wird. Zugegeben, daß die ersten beiden Voraussetzungen zutreffen, daß Ikterogen ein Blutgift ist, und daß das zerfallende Hämoglobin nur in der Richtung des Gallenfarbstoffes abgewandelt würde, so ist eine vollständige funktionelle Blockierung des Reticuloendothels durch noch so starke Kupferspeicherung durchaus nicht erwiesen. Vollends erscheint uns aber das Zustandekommen des Ikterus trotz der Blockierung des Reticuloendothels als eine vermehrte Bilirubinbildung der Leberzelle zu erklären und damit den Ort der Bilirubinbildung in der Leberzelle selbst beweisen zu wollen nicht gerechtfertigt. Wir wissen durch die Untersuchungen der OHNOschen Schule, daß Phenylhydrazin und Toluylendiamin, die gleichsinnig dem Ikterogen wirken dürften, eine Schädigung der ausführenden Gallenwege, der Gallencapillaren machen. Der Ikterus der sogenannten hämolytischen Blutgifte kommt nach OHNO nicht durch eine verstärkte Bilirubinbildung, sondern durch eine durch diese Gifte bewirkte Schädigung der kleinen Gallenwege zustande. Auf diese außerordentlich wichtigen

Untersuchungen für die Theorie des Ikterus soll später eingegangen werden. Sie seien hier nur insoweit zitiert, als sie uns zeigen, wie man auch in den neuen Versuchen von ROSENTHAL, durch das Auftreten eines Ikterus nach Ikterogen, keine eindeutigen Beweise für die alte These, daß der Gallenfarbstoff in der Leberzelle selbst gebildet wird, erblicken kann. Bei den ROSENTHALschen Versuchen ist die Möglichkeit gegeben, daß trotz der Blockierung in den Reticuloendothelien Gallenfarbstoff entsteht. Es ist wahrscheinlich, daß das Ikterogen ähnlich dem Toluylendiamin eine Schädigung der Gallengänge und sekundär des Leberparenchyms macht. Der entstehende Ikterus wäre somit nicht durch eine Überproduktion von Bilirubin in der Leberzelle, sondern im Sinne eines Resorptions- oder Retentionsikterus zu erklären. Hier wird deutlich, wie vieldeutig eine Beweisführung wird, wenn sie die Gelbsuchtentstehung mit dem Ort der Bilirubinbildung zu identifizieren versucht.

Die Überlegungen, welche wir über die Natur des direkt und indirekt kuppelnden Bilirubins angestellt haben, führten uns bereits zur Diskussion über die Möglichkeit verschiedener gelber Farbstoffe, die aus dem Blutfarbstoff entstehen können. Zum ersten Male haben ENDERLEN, THANNHAUSER und JENKE bei den nach MANN und MAGATH operierten Hunden gezeigt, daß bei entleberten Hunden neben geringen Mengen Bilirubin noch ein zweiter gelber Farbstoff entsteht, der nicht mit Diazoniumlösung kuppelt, der keine GMELINsche Reaktion gibt und der stark im Lichte ausbleicht. Wir haben diesen Farbstoff Xanthorubin genannt, ohne daß es uns gelungen ist, diesen Körper zu krystallisieren oder irgendwie analytisch näher zu identifizieren. Die aus der Lichtempfindlichkeit geschlossene Verwandtschaft zu den Lipochromen haben wir später nicht aufrechterhalten. Wir glauben heute, daß der bei den nach MANN-MAGATH operierten Hunden neben dem Bilirubin auftretende gelbe Farbstoff ein Pyrrolfarbstoff ist, der sich vom Blutfarbstoff ableitet und dem Bilirubin nahe steht. Späterhin ist es JENKE gelungen, einen weiteren Farbstoff der Bilirubinreihe aus dem Harn eines Kranken mit schwerem familiären, sogenanntem hämolytischen Ikterus zu isolieren und zu krystallisieren. Dieser gelbe Farbstoff, den JENKE Hämorubin nannte, gibt eine indirekte Diazoreaktion, eine abnorme GMELINsche Probe (die Grün- und Blaufärbung bleibt aus, es tritt nur Gelbrotfärbung auf), geht nicht in Chloroform und zeigt eine große Alkali- und Sauerstoffempfindlichkeit. Er unterscheidet sich vom sogenannten indirekten Bilirubin durch die negative bzw. abnorme GMELINsche Reaktion, vom Xanthorubin durch seine Fähigkeit mit Diazoniumlösung zu kuppeln.

Wir haben bereits bei der Besprechung der Konstitutionsformel des Bilirubins, bei der Erörterung des Chemismus der Bilirubinbildung, davon gesprochen, daß für die Bildung verschiedener Bilirubine aus dem Blutfarbstoff die theoretische Möglichkeit gegeben ist. H. FISCHER hat derartige bilirubinoide Farbstoffe, die sich vom natürlichen Bilirubin im wesentlichen durch die Art und Anordnung der Seitenketten unterscheiden, synthetisiert. Er zeigte, daß unter diesen bilirubinoiden Farbstoffen die GMELINsche Reaktion nicht immer obligatorisch ist. Es besteht die theoretische Möglichkeit, daß im Xanthorubin und Hämorubin derartige natürliche bilirubinoide Farbstoffe vorliegen. Für das bei den MANN-MAGATHschen leberlosen Hunden entstehende Xanthorubin ist es sicher, daß es außerhalb der Leber gebildet wird. Für das beim hämolytischen Ikterus auftretende Hämorubin ist der Entstehungsort unbekannt.

Über die Bedeutung, die die bilirubinoiden Farbstoffe für die Entstehung einer Gelbsucht haben können, kann noch nichts ausgesagt werden. Die Feststellung, daß bei gewissen Gelbsuchtsformen, so bei der perniziösen Anämie und beim hämolytischen Ikterus sowie bei leberlosen Hunden die gelbbraune Farbe des Serums auch durch geringe Mengen von Hämatin verursacht sein kann, ist nur von theoretischem Interesse, besagt aber nichts über die diskutierten Probleme der Möglichkeit des Vorkommens verschiedener bilirubinähnlicher Farbstoffe. Die Stoffe unterscheiden sich vom Hämin alle durch die geradlinige Verkettung von vier Pyrrolringen, sie haben genetisch nichts mit dem Vorkommen von Hämatin zu tun.

Aus den angeführten Untersuchungsergebnissen geht eindeutig hervor, daß der Gallenfarbstoff auch außerhalb der Leber entstehen kann. Wir wissen nicht, wie groß der Anteil der Gallenfarbstoffmenge ist, der außerhalb der Leber entsteht. Wir können lediglich aus den angeführten klinischen und experimentellen Untersuchungen vermuten, daß im Reticuloendothel der Leber, nicht in der Leberzelle selbst, die Hauptmenge des Gallenfarbstoffes gebildet wird.

IV. Über die Ikterusgenese.

Im engsten Zusammenhang mit dem Problem des Ortes der Gallenfarbstoffbildung steht die Überlegung über das Zustandekommen einer Anhäufung des Gallenfarbstoffes in den Säften und Geweben, welche wir Ikterus nennen. Für das Zustandekommen des Ikterus bestehen folgende Möglichkeiten (ASCHOFF):

1. Durch Abflußbehinderung und Stauung. Resorptionsikterus.

2. Durch Sekretionsstörung bei Parenchymschädigungen. Retentionsikterus.

3. Durch übermäßiges Angebot von außerhalb der Leber gebildetem Gallenfarbstoff und mangelhafter Ausscheidung. Dynamischer Ikterus. Hepato-linealer Ikterus. Hämolytischer Ikterus.

Durch eine mechanische oder entzündliche Veränderung in den ableitenden Gallenwegen, sowohl in den Gallencapillaren wie in den größeren hepatischen und extrahepatischen Gallenwegen kommt es zur Rückstauung. Der Übertritt der Galle in die Lymphräume kann bei derartigen Stauungszuständen durch Einreißen der Gallengänge oder per diapedesin erfolgen. Hier wird aus den Lymphräumen der Gallenfarbstoff aufgesaugt, resorbiert und gelangt durch den Ductus thoracius ins Blut. Diese geläufigste Form des Ikterus wird nach dem Vorschlag von ASCHOFF Resorptionsikterus genannt.

In neuen Untersuchungen hat HIYEDA an dem OHNOschen Institut gezeigt, daß eine ganz bestimmte Stelle der Gallencapillaren für jedwede Rückstauung empfindlich ist. Diese besonders lädierbare Stelle ist nach HIYEDA der Übergang der intralobulären Gallengänge in die interlobulären Gallencapillaren. Diese Feststellung stimmt mit den älteren Beobachtungen von CHARCOT überein, daß die Stelle, an welcher der intralobuläre Gallengang in die interlobuläre Gallen-

capillare übergeht, trichter- oder ampullenförmig erweitert
ist. EPPINGER sagt, daß dieser Teil der Gallencapillare dünn-
wandig wird und sich gelegentlich bis zur Größe einer Leberzelle erweitert. Dieser Teil heißt Ampulle oder Schaltstück.
Nach den von verschiedenen Autoren gemachten Beobachtungen setzen sich also die im Acinus ohne eigentliche Wan-
dung beginnenden, lediglich von Parenchymzellen begrenzten
Gallencapillaren in eine dünnwandige, aber geräumigere
Capillare fort, der direkt in den interlobulären, bereits
von einer festeren Wand umgebenen Gallengang übergeht.
Bei einem gesteigerten Innendruck in den abführenden
Gallenwegen wird dieses dünnwandige Schaltstück am meisten
gefährdet sein. HIYEDA unterband bei Kaninchen und Hunden
den Choledochus. Er konnte zeigen, daß entgegen der Auffassung EPPINGERs schon vor einem Einreißen oder einer
Thrombenbildung in den Gallencapillaren im Blute Gallenfarbstoff zu finden ist. Gleichzeitig mit dem Ansteigen des
Bilirubins im Blute wies HIYEDA netzförmig angeordnete
Nekroseherde in der peripheren Zone des Acinus nach. Derartige Leberzellschädigungen, die schon von CHARCOT als
„Taches blanches" beobachtet wurden, sind nach HIYEDA
durch durchtretende Galle bedingt. Aus diesen Beobachtungen zieht HIYEDA den Schluß, daß beim Stauungsikterus
dieser empfindlichste Teil des Gallengangssystems zuerst betroffen wird. Je nach der Empfindlichkeit dieser Stelle tritt
bei verschiedenen Tierarten nach experimenteller Choledochus-
unterbindung der Ikterus früher oder später auf. An dieser
Stelle kann es nach Versuchen von HIYEDA beim Hunde
ohne Einreißen der Wand per diapedesin zum Austritt von
Galle und zum Ikterus kommen. Ein Stauungsikterus kann
demnach nicht nur durch Gallenthromben oder Einreißen
von Gallencapillaren zustande kommen, ein Stauungsikterus
kann lediglich bei Abflußbehinderung durch Durchtritt per
diapedesin der rückgestauten Galle an diesem dünnwandigen
Teil erfolgen und durch Resorption zum Ikterus führen.
So einfach die Verhältnisse für die Entstehung eines Resorptionsikterus, der durch Stauung hervorgerufen wird,
liegen, so kompliziert ist die Deutung der Entstehung der
Gelbsucht bei akuten und chronischen Parenchymerkran-

kungen der Leber. MINKOWSKI hat die These aufgestellt, daß die kranke Leberzelle den Gallenfarbstoff nur zum Teil oder gar nicht in die Gallencapillaren gelangen lasse. Ein großer Teil des nach MINKOWSKI in der Leberzelle selbst gebildeten Gallenfarbstoffes würde in die ebenfalls die Leberzellbalken umspinnenden Blutcapillaren sezerniert. Er nannte diesen pathologischen Vorgang der Gallensekretion ins Blut „Parapedese". Andere Kliniker, die sich seiner Ansicht anschlossen, führten für die gleiche Erscheinung den Namen „Paracholie" ein. Hier sehen wir, wie Gallenfarbstoffbildung und Gallenfarbstoffausscheidung in ihrer Vieldeutigkeit für die Ikterusentstehung vermischt werden. Man muß bei der Überlegung, wie der Ikterus bei Parenchymerkrankungen der Leber zustande kommt, sich entscheiden, ob man mit der NAUNYN-MINKOWSKIschen Schule eine Gallenfarbstoffbildung in der Leberzelle annimmt oder mit der ASCHOFFschen Schule der Leberzelle lediglich eine ausscheidende Funktion für das außerhalb der Leberzelle gebildete Bilirubin zuschreibt. Glaubt man, der alten MINKOWSKIschen Ansicht der Gallenfarbstoffbildung in der Leber folgen zu können, so wird es sehr schwierig sein, sich vorzustellen, daß eine erkrankte Leberzelle wohl Gallenfarbstoff bilden, ihn aber nicht nach dem Ausführungsgang, nach der Gallencapillare hin, ausscheiden kann. Diese Schwierigkeit umgeht MINKOWSKI durch die gesucht erscheinende Annahme der „Paracholie". Es scheint die von der ASCHOFFschen Schule propagierte Auffassung, den Ikterus bei Leberzellschädigung als Retentionsikterus aufzufassen, einleuchtender. ASCHOFF glaubt, daß die Leberzelle den Gallenfarbstoff nur ausscheiden, aber nicht bilden könne. Demnach muß eine Leberzellschädigung eine Retention des bereits in den Reticuloendothelien in und außerhalb der Leber gebildeten Gallenfarbstoffes zur Folge haben („Retentionsikterus"). Wenngleich wir ASCHOFF in der Auffassung, daß die Hauptmenge des Gallenfarbstoffes außerhalb der Leber gebildet wird, nicht folgen können, sondern annehmen, daß der größte Teil des Bilirubins in den KUPFFERschen Sternzellen innerhalb der Leber gebildet wird, so möchten wir doch mit ASCHOFF der Leberzelle selbst im wesentlichen nur eine sezernierende Funktion für gebildetes

Bilirubin zuschreiben. Wir glauben, daß nur mit einer derartigen Deutung die Entstehung einer Gelbsucht bei Parenchymschädigungen der Leber zu erklären ist.

Die Parapedesetheorie Minkowskis hat zur Voraussetzung, daß Bilirubin in der Leberzelle selbst gebildet wird. Diese Annahme, daß das in der Leberzelle selbst gebildete Bilirubin bei Erkrankungen der Zelle selbst nicht mehr nach dem Ausführungsgang, nach der Gallencapillare hin, sezerniert wird, sondern nunmehr nach zwei Seiten, nach der Gallencapillare und der die Leberzellbalken umspinnenden Blutcapillaren hindurchtritt, ist ohne Analogon in der Pathologie. Eine Parapedese oder Paracholie für die Ikterusentstehung ist abzulehnen.

Überlegen wir uns nun, bei welchen klinischen Krankheitsbildern die Entstehung der Gelbsucht durch Resorption eines bereits in die Gallenwege sezernierten Bilirubins oder durch Retention eines noch nicht in die Gallenwege gelangten Bilirubins zustande kommt, so werden wir bald erkennen, daß einheitliche Bilder im ätiologischen Sinne, d. h. im Sinne eines reinen Resorptions- oder reinen Retentionsikterus schwer festzustellen sind. Ein Resorptionsikterus ist bei allen Formen mechanischer Abflußbehinderung der Galle anzunehmen, sei es, daß die mechanische Behinderung durch Steine oder durch Entzündung erfolgt. Nach den experimentellen Befunden der Ohnoschen Schule wissen wir, daß die per diapedesin oder per rhexin in das Lebergewebe austretende Galle sehr bald durch die Lymphbahnen aufgesaugt wird und auf dem Lymphwege über den D. thoracicus ins Blut gelangt, also einen reinen Resorptionsikterus versinnbildlichen würde. Die gleichen Untersuchungen zeigen aber, daß gleichzeitig und gleichsinnig mit dem Austritt der Galle aus den Gallencapillaren immer Schädigungen des Lebergewebes durch die Galle auftreten. Somit ist beim Resorptionsikterus die gleichzeitige Möglichkeit eines Retentionsikterus durch Parenchymschädigung gegeben.

Ein Retentionsikterus entsteht durch Parenchymschädigungen der Leber, wie man sie bei den Cirrhosen findet. Ein Retentionsikterus entsteht ferner nach der Auffassung Aschoffs durch alle infektiös-toxischen Erkrankungen des

Lebergewebes, wie sie bei Morbus Weil in reinster Form, aber auch bei anderen mit Ikterus komplizierten, akuten Infektionskrankheiten vorkommen. Nach den Untersuchungen der OHNOschen Schule scheint uns erwiesen, daß durch chemische Blutgifte, wie Toluylendiamin und Phenylhydrazin, nicht nur das Parenchym leidet, sondern auch die empfindlichste Stelle des Gallengangsystems, die bereits besprochene Ampulle der Gallencapillare geschädigt wird, so daß per diapedesin Galle austritt und zur Resorption gelangt. Es kann durch das gleiche Gift eine Leberzellschädigung mit Retentionsikterus und eine Gallencapillarschädigung mit Resorptionsikterus auftreten. Es scheint durchaus möglich, daß der gleiche Vorgang, welcher durch chemische Gifte erwiesen ist, auch durch bakterielle Toxine zustande kommt. Der *infektiös-toxische Ikterus* würde nach der Ansicht der OHNOschen Schule als Resorptions- *und* Retentionsikterus anzusprechen sein. ASCHOFF hat früher gerade beim infektiöstoxeischen Ikterus noch eine dritte Komponente der Entstehung, das übermäßige Angebot von extrahepatisch gebildetem Gallenfarbstoff, für möglich gehalten. ASCHOFF ist in letzter Zeit von dieser Vorstellung abgerückt. Es soll später gezeigt werden, daß eine extrahepatische Gallenfarbstoffbildung für das Zustandekommen klinischer Erscheinungsformen der Gelbsucht sehr fraglich ist. ASCHOFF hat in seiner neuerlichen Diskussion dieser Frage den toxischen Ikterus als gleichzeitigen Retentions- und Resorptionsikterus aufgefaßt.

Nachdem wir zu zeigen versucht haben, daß die meisten Gelbsuchtsformen entweder capillar-cholangiogen im Sinne eines Resorptionsikterus oder hepatocellulär im Sinne eines Retentionsikterus zu deuten sind, bleibt zum Schlusse nur noch zu erörtern, ob überhaupt noch ein anderer Weg der Ikterusentstehung möglich ist. Wir müssen uns der Frage zuwenden, inwieweit die dynamischen Formen des Ikterus, d. h. diejenigen Gelbsuchtsarten, bei welchen durch verstärkten Blutzerfall ein Mißverhältnis zwischen Bilirubinangebot und Bilirubinausscheidung besteht, zu Ikterus führen kann. Bis vor kurzem galt als die klassische Form des dynamischen Ikterus, bei dem ein übermäßiger Blutzerfall zu verstärkter Bilirubinbildung außerhalb der Leber führt, der experimentelle Toluylendiaminikterus und der Phenylhydrazinikterus. Es scheint uns durch die Untersuchungen der OHNOschen Schule eindeutig erwiesen, daß weder der Ikterus nach Vergiftung mit Toluylendiamin noch der Phenylhydrazinikterus auf einem vermehrten Angebot und ungenügender Ausscheidung des Bilirubins beruht. OHNO konnte durch seinen Schüler HIYEDA zeigen, daß durch die Vergiftung mit Toluylendiamin der ampulläre Teil des Gallengangs so geschädigt wird, daß die Galle per diapedesin in die Lymphräume austritt und auf dem Lymphwege über den Ductus thoracicus ins Blut gelangt. HIYEDA unterband vor und nach der Verabreichung des Giftes den Ductus thoracicus und zeigte, daß nach der Unterbindung des Ductus thoracicus bei Toluylendiaminvergiftung der Ikterus ausbleibt. Würde eine Mehrbildung von Bilirubin durch die Toluylendiaminvergiftung die Ursache der Gelbsucht sein, so wäre ein Ausbleiben nach Ductus thoracicus-Unterbindung nicht verständlich. In weiteren Versuchen konnte HIYEDA erweisen, daß das Toluylendiamin in der Milz in eine giftig wirkende Substanz übergeführt wird. Erst nach Passieren der Milz kann das Toluylendiamin seine schädigende Wirkung auf die Gallencapillaren entfalten. Durch diese Experimente war die von EPPINGER gemachte Feststellung, daß nach Entfernung der Milz der Toluylendiaminikterus nicht zustande kommt, erhärtet. Es ist aber auch gezeigt, daß die Deutung EPPINGERs die hepato-lienale Genese des Toluylendiaminikterus nicht aufrechtzuerhalten ist. Durch Gefäßanastomose parabiotischer Tiere, auf die nicht näher eingegangen werden kann, ist von HIYEDA eindeutig gezeigt, daß die Milz eine sekundäre Rolle bei dem Toluylendiaminikterus spielt, und daß das Wesentliche für das Zustandekommen dieser Ikterusform die Schädigung der Gallencapillaren ist. Die Milz hat bei der Umwandlung des Toluylendiamins in eine giftige Substanz eine gewisse Bedeutung, sie ist aber nicht unmittelbar an der Entstehung der Gelbsucht beteiligt. Mit dieser experimentellen Feststellung ist die hepatolienale Theorie EPPINGERs unhaltbar. Durch diese Versuche ist gezeigt, daß der Toluylendiaminikterus kein hämolytischer

Ikterus ist, sondern als cholangiogen entstehender Resorptionsikterus aufgefaßt werden muß.

Der Phenylhydrazinikterus ist in seinem Wirkungsmechanismus insofern vom Toluylendiaminikterus unterschieden, als er im wesentlichen eine Leberzellschädigung und nur in geringerem Maße eine Gallengangsschädigung macht. Der Ikterus nach Phenylhydrazinvergiftung ist ebensowenig wie bei der Toluylendiaminvergiftung ein hämolytischer, dynamischer Ikterus. Er ist als Mischung eines hepatocellulären Retentions- und eines cholangiogenen Resorptionsikterus aufzufassen.

Nach diesen experimentellen Feststellungen der Ikterusgenese bei Toluylendiaminvergiftung ist es berechtigt, zu fragen, ob es überhaupt einen echten hämolytischen Ikterus gibt. In der Klinik ist uns der angeborene hämolytische Ikterus, Typus MINKOWSKI, und der erworbene hämolytische Ikterus, Typus HAYEM, als hämolytische Ikterusform geläufig. Bei diesen Erkrankungen haben wir bereits durch die Vergrößerung der Milz einen Hinweis auf die Mitbeteiligung dieses Organs an der Krankheit. Man glaubte als Ursache dieses Krankheitsbildes ein durch vermehrten Blutzerfall erhöhtes Angebot von extrahepatisch gebildetem Bilirubin annehmen zu können. Eine Exstirpation der Milz kann nach der herrschenden Meinung durch Verringerung des Blutzerfalls bei dieser Krankheit eine eindeutige Besserung hervorrufen. Überlegen wir uns, daß die der Leber angebotenen Bilirubinmengen bei den sogenannten hämolytischen Ikterusformen relativ klein sind, so ist nicht ohne weiteres verständlich, warum eine normal funktionierende Leberzelle mit dem relativ geringen Mehrangebot von Bilirubin nicht fertig werden und es nicht zur Ausscheidung bringen sollte. Sehen wir doch bei Resorption von großen Blutmengen aus der Bauchhöhle und auch aus der Lunge, bei denen ebenfalls über das gewöhnliche Maß Bilirubin gebildet und zur Ausscheidung gelangen dürfte, klinisch weder eine Hyperbilirubinämie noch einen Ikterus auftreten. EPPINGER hingegen glaubt sogar, das Auftreten eines leichten Ikterus bei hämorrhagischen Infarkten im Sinne eines hämolytischen Ikterus deuten zu müssen. Dieser Ansicht EPPINGERs ist entgegenzuhalten, daß es sich bei den klinischen Bildern eines symptomatischen Ikterus ebensogut um toxische Ikterusformen, die im Sinne eines Retentions- oder Resorptionsikterus zu deuten sind, handeln kann. Auch die Untersuchungen MAUGHERIs aus dem ASCHOFFschen Institut über die Entstehung eines Ikterus nach Bluteingießungen in die Lunge können uns von dieser Ansicht nicht abbringen, da ein merklicher Ikterus erst nach vier- oder fünfmaliger Einführung von Blut auftritt, während die ersten Mengen glatt ohne Ikterus resorbiert werden. Auch bei diesen Versuchen ist die Möglichkeit einer toxischen Schädigung durch wiederholte Bluteingießungen gegeben.

Beim Icterus neonatorum wird ebenfalls eine vermehrte extrahepatische Bilirubinbildung angenommen. Es erscheint uns viel wahrscheinlicher, daß unmittelbar nach der Geburt die ausscheidende Funktion der Leberzelle ihre volle Höhe nicht erreicht, in gleicher Weise wie auch die Nierenzelle unmittelbar nach der Geburt nicht sofort die Höhe der Harnsäureausscheidung erreichen kann. Hier entsteht Ikterus, dort der sogenannte Harnsäureinfarkt. Es ist nicht bewiesen, daß der Icterus neonatorum durch eine übermäßige hämolytische Bilirubinbildung vor der Geburt entsteht.

Wir kennen bisher keine sichere Feststellung eines vermehrten Bilirubinangebotes an die Leber, welche bei normal funktionierender Leberzelle zu einer dauernden Hyperbilirubinämie und schließlich zum Ikterus führt. Es scheint uns dieser Beweis auch für das klinisch eindeutige Krankheitsbild der sogenannten hämolytischen Ikterusformen in keiner Weise erbracht. Ich möchte den OHNOschen Ansichten vollständig beipflichten, daß der familiäre Ikterus als einheitliches Krankheitsbild vollständig zu Recht besteht, daß es aber bis heute noch nicht erwiesen ist, inwieweit dieses Krankheitsbild durch eine übermäßige Bilirubinbildung außerhalb der Leber zustande kommt. In dieser Meinung werden wir durch die Erforschung des Toluylendiaminikterus, durch die Erkenntnis, daß bei dieser Vergiftung ein Retentionsikterus vorliegt, bestärkt. Von dieser Auffassung kann uns auch die Tatsache nicht abbringen, daß bei den klinischen Bildern des hämolytischen Ikterus, sowohl beim familiären wie beim Icterus neonatorum wie auch beim Ikterus perniziöser Anämie im Blute im wesentlichen indirekt kuppelndes Bilirubin I vorkommt. Für die Diagnosestellung dieser klinischen Krankheitsbilder ist der Nachweis des indirekt kuppelnden Bilirubins von großer Bedeutung. Es ist aber nicht erlaubt, darüber hinausgehend aus der Feststellung der indirekten Reaktion, aus dem Auftreten von Bilirubin I nach den im allgemeinen Teil gegebenen Erklärungen auf eine anhepatische Bilirubinbildung bei diesen Krankheitszuständen zu schließen.

Überblicken wir die Erkenntnisse, welche uns die letzten Jahre über Gallenfarbstoffbildung und Gelbsuchtsentstehung gebracht haben, so müssen wir wiederholt darauf hinweisen, daß beide Probleme, Bilirubinbildung und Gelbsuchtentstehung, nicht zusammengeworfen werden dürfen. Es steht heute unumstößlich fest, daß nicht nur in der Leber, sondern allenthalben im Organismus aus Blutfarbstoff Gallenfarbstoff gebildet werden kann. Die von der ASCHOFFschen Schule wohl am nachhaltigsten vertretene Auffassung der Bilirubinbildung außerhalb der Leber ist erwiesen. Es ist aber bis heute noch nicht erwiesen, daß eine Gelbsucht durch vermehrte Bilirubinbildung außerhalb der Leber entstehen kann. Wir wissen nicht, wie die quantitativen Verhältnisse der physiologischen und pathologischen Gallenfarbstoffbildung sich im täglichen Leben gestalten. Der alte Satz von MINKOWSKI: „Kein Ikterus ohne Leber" erscheint in seiner ursprünglichen Fassung, daß nur die Leber Gallenfarbstoff bilden könne, nicht mehr richtig. Wir gehen aber mit OHNO einig, indem wir den Mechanismus der Gelbsuchtsentstehung in wesentlichen in die Leber verlegen, die meisten Ikterusformen, wenn nicht überhaupt alle, werden durch eine Schädigung der Gallengänge oder des Leberparenchyms hervorgerufen.

V. Über Lipoidosen.

Unter Lipoidosen versteht man Krankheiten des Lipoidstoffwechsels. Wir stehen am Anfang der Erkenntnis dieser Krankheitsgruppe, die erst durch die fortschreitende Erforschung der chemischen Konstitution der Lipoide und die fortschreitende chemische Methodik dem Kliniker zugänglich wurde.

Die am längsten klinisch bekannte Lipoidose ist die *essentielle Xanthomatose*, von der wir heute wissen, daß es im wesentlichen sterinartige Substanzen sind, deren Stoffwechsel gestört ist. Es ist von Interesse, daß unter dem Namen „Plaques jaunatres des Poupières" RAYER 1835 zum erstenmal eine einschlägige Beobachtung machte, während ADDISON und GULL aus dem Guy-Hospital die generalisierte Hautform als „Vitiligoidea planum et tuberosum" beschrieben. Erst neuerdings erkannte man, daß das unter dem Namen der Schüller-Christianschen Krankheit beschriebene klinische Bild ebenfalls durch xanthomartige Ablagerungen, die aus Sterinestern und Sterinen bestehen, hervorgerufen wird.

Als *Gauchersche Krankheit* ist seit der ersten Beschreibung dieses Autors eine Erkrankung der Milz bekannt, die mit einer starken Vergrößerung der Milz einhergeht. Durch die von LIEB, EPSTEIN und LORENZ gefundenen chemisch-analytischen Tatsachen wissen wir, daß der Morbus Gaucher eine cerebrosidige Lipoidose darstellt, welche nicht nur die Milz, sondern die Reticuloendothelien der blutbildenden Organe betrifft.

Die dritte Krankheit, die zur Gruppe der Lipoidosen gerechnet wird, ist von NIEMANN und PICK beschrieben und von EPSTEIN, LIEB und LORENZ in ihrer chemischen Natur näher geklärt worden. Der *Niemann-Pickschen Krankheit* liegt eine Störung des Phosphatidstoffwechsels zugrunde. Hier sind nicht nur die Reticuloendothelien der Milz und der Leber, sondern auch die Leberzellen und die Gehirnzellen von lipoidhaltigem Material so stark durchsetzt, daß sie in ihrem zelligen Gefüge kaum mehr zu erkennen sind.

Zunächst sei auf die Xanthomatosen näher eingegangen und auf den Chemismus der Sterine, deren Stoffwechsel bei den Xanthomatosen verändert ist. Das Formelbild des Cholesterins wird heute nach dem Vorschlage von ROSENHEIM und KING auf Grund der vorangegangenen wichtigen Untersuchungen von WINDAUS und WIELAND u. a. als eine terpenartige Verkettung von drei Sechserringen und einem Fünferring mit einer Seitenkette von acht C-Atomen angenommen. Im Cholesterin findet sich eine Doppelbindung und eine tertiäre Hydroxylgruppe.

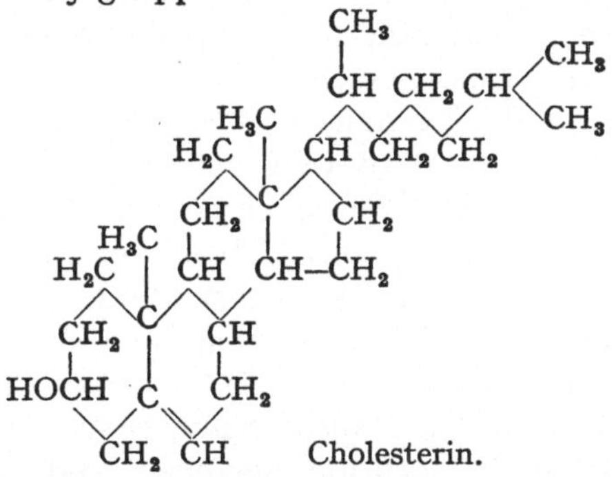

$$
\begin{array}{c}
CH_3 \\
|\\
CH\ \ CH_2\ CH\!\!<\!\!\begin{array}{c}CH_3\\ CH_3\end{array}\\
\end{array}
$$

Cholesterin.

Im menschlichen Organismus hat man bisher von sterinähnlichen Körpern im intermediären Stoffwechsel nur das Cholesterin und seine Ester, in kleinen Mengen das Dihydocholesterin und in kleinsten Mengen das Vitamin D gefunden. Von besonderer Bedeutung erscheint es mir, daß das dem Cholesterin isomere Allocholesterin, von dem sich in ihrer chemischen Konstitution die Gallensäuren herleiten, im intermediären Stoffwechsel bisher nicht gefunden wurde. Ein Zusammenhang der Gallensäuren im Sinne eines Abbaus von Cholesterin scheint nach diesen konstitutionschemischen Verschiedenheiten nicht gegeben. Er konnte auch im Experiment von THANNHAUSER und JENKE nicht festgestellt werden. Die Gallensäuren bilden sich nach unseren Untersuchungen in großer Menge aus nicht sterinartigen Vorstufen, wobei nach den Ergebnissen von JENKE und SCHINDEL gewisse Aminosäuren eine besondere Bedeutung haben dürften.

Der tierische und menschliche Organismus ist in seinem Cholesterinbedarf nicht von der Zufuhr abhängig, er kann die Sterine selbst synthetisieren. Die Versuche von BEUMER, THANNHAUSER, JENKE und SCHABER sowie die Versuche von SCHÖNHEIMER an der legenden Henne haben die Fähigkeit des tierischen Organismus zur Cholesterinsynthese erwiesen. Bisher galt als feststehend, daß der Organismus wohl das Steringerüst aufbauen, aber nicht so weit abbauen kann, daß es seiner charakteristischen Ringstruktur beraubt wird. Es scheinen aber in allerneuester Zeit durch die Stoffwechselversuche von SCHÖNHEIMER, VON PAGE und seinen Mitarbeitern und auch durch Untersuchungen an meiner Klinik im Stoffwechselversuch Befunde erhoben, bei denen größere Mengen Sterin im Bilanzversuch verschwinden. Diese Versuche gestatten nur die Vermutung, daß das Cholesterin im intermediären Stoffwechsel so weit verändert wird, daß es sich mit den gebräuchlichen Methoden nicht mehr nachweisen läßt. Ein eindeutiger Beweis des Abbaus des Steringerüstes im intermediären Stoffwechsel wird erst durch die Isolierung von Körpern, die diesem Abbau entstammen, erbracht sein.

Die grundlegende Feststellung SCHÖNHEIMERs, daß pflanzliche Sterine, die mit der Nahrung aufgenommen werden, überhaupt nicht zur Resorption gelangen, hat die Stoffwechseluntersuchungen der Sterine in eine neue Phase der Betrachtung treten lassen. In den alten Bilanzversuchen von THANNHAUSER und seinen Mitarbeitern sind die pflanzlichen Sterine noch in den Bilanzversuchen mit eingerechnet worden. Legt man unseren alten Versuchen[1] die neuen Erkenntnisse zugrunde, so geht aus ihnen hervor, daß der Cholesterinbestand des Menschen unabhängig ist von der Nahrungszufuhr und durch Synthese im intermediären Stoffwechsel gedeckt werden kann.

SCHÖNHEIMER zeigte, daß von allen Sterinen nur das Cholesterin im Darm resorbiert wird. Auch die durch Isomerie sich vom Cholesterin unterscheidenden Sterine der gleichen Bruttoformel, wie das Allocholesterin, werden nicht resorbiert. Das im Kot durch Bakterienwirkung entstehende hydrierte Koprosterin und das isomere Dihydrocholesterin gelangen

---

[1] Arch. klin. Med. Bd. 141 (1923) S. 290.

nicht zur Resorption. Keines der pflanzlichen Sterine wird
von der Darmwand aufgenommen. Lediglich bestrahltes
Ergosterin ist außer dem gewöhnlichen Cholesterin nach
den SCHÖNHEIMERschen Befunden resorbierbar. Diese letz-
tere Tatsache, daß Ergosterin selbst nicht resorbierbar, das be-
strahlte Ergosterin aber resorbierbar ist, erscheint für den Organismus besonders wichtig, da resorbiertes Ergosterin durch
die tägliche Bestrahlung des Menschen leicht in Vitamin D
übergeführt und schädigend wirken könnte. Durch die Nicht-
resorbierbarkeit des Ergosterins schützt sich der Organismus
vor einer Überschwemmung mit Vitamin D.

Für die Resorption des Cholesterins sind Fette nötig.
Wahrscheinlich kann das Cholesterin auch durch hydrophile
Körper, wie Gallensäuren im Sinne VERZARs resorbiert werden. Die Resorptionsverhältnisse für die Cholesterinester sind
durch die bessere Löslichkeit der Cholesterinester günstiger,
jedoch dürften auch hier die Fette den Cholesterinestern den
Weg für die Resorption bahnen. Das Gleichgewicht des in
den Kreislauf gelangenden Cholesterin und Cholesterinester
wird nach unseren Befunden durch eine funktionstüchtige
Leber aufrechterhalten, so daß im Serum der Gehalt an
Cholesterinestern etwa zweimal so groß ist als der Gehalt an
freiem Cholesterin. Die Werte für das Gesamtcholesterin
sind normalerweise 100—200 mg %, davon treffen 40 bis
80 mg % auf freies und 60—120 m % auf Estercholesterin.

Bei Cholesterinbestimmungen im Blut geht man am besten
vom Serum aus, da die roten Blutkörperchen fast nur freies
Cholesterin enthalten und dadurch die Relation im Serum
durch eine Bestimmung im Vollblut nicht in Erscheinung tritt.

Die Ausscheidung des Cholesterins erfolgt nach den Untersuchungen von SALOMON, SPERRY und nach den Untersuchungen von THANNHAUSER und JENKE an Gallenfistelhunden durch die Galle *und* den Darm. SALOMON und SPERRY
wiesen darauf hin, daß durch den Darm größere Mengen ausgeschieden werden als durch die Galle. Der größte Teil des
aus dem intermediären Stoffwechsel in den Darm ausgeschiedenen Cholesterins wird nach den Untersuchungen
SCHÖNHEIMERs zurückresorbiert. Geringe Mengen von Dihydrocholesterin, die aus dem intermediären Stoffwechsel

ebenfalls in den Darm ausgeschieden werden, können nicht mehr rückresorbiert werden, da aus dem Darm nur Cholesterin rückresorbierbar ist. SCHÖNHEIMER glaubte aus einer Anhäufung von Dihydrocholesterin im Serum auf eine Ausscheidungsstörung der gesamten Sterine schließen zu dürfen.

Dem Dihydrocholesterin isomer ist das Koprosterin. Während das Dihydrocholesterin in geringen Mengen im intermediären Stoffwechsel entsteht, wird sein Isomeres, das Koprosterin von den Darmbakterien aus Cholesterin gebildet. Beide hydrierte Sterine, das Koprosterin und das Dihydrocholesterin sind nicht mehr resorbierbar, sie werden vollständig ausgeschieden.

Die im Kot den Körper verlassenden Sterine tierischer Art bestehen nur zum geringen Teil aus unverändertem Cholesterin, zum größten Teil aus Koprosterin. Die pflanzlichen Sterine werden überhaupt nicht resorbiert, sie werden im Darm ebenfalls hydriert, so daß ein Gemisch von hydrierten und nichthydrierten Phytosterinen zur Ausscheidung gelangt. Für Bilanzversuche von tierischen Sterinen ist die isolierte Bestimmung von Cholesterin, Dihydrocholesterin und Koprosterin erforderlich. Die Pflanzensterine können als Gesamtheit vernachlässigt werden, da sie nach SCHÖNHEIMERs Untersuchung nicht in den intermediären Stoffwechsel übertreten können.

Überlegen wir uns die Frage, welche Störungen des Stoffwechsels zu einer Anhäufung von Cholesterin führen können, so sind folgende Möglichkeiten zur Diskussion zu stellen:

1. Die Cholesterinretention wird durch eine Ausscheidungsstörung verursacht. Eine solche Störung müßte sich durch ein Zurückgehen des Koprosterins in den Faeces in Bilanzversuchen erweisen lassen.

2. Eine Erkrankung ist durch eine intermediäre Mehrbildung von Sterinen verursacht. Eine solche Störung müßte sich durch eine Anhäufung von Sterinen im Blute bei gleichzeitig erhöhter Ausscheidung von Cholesterin und Koprosterin erweisen lassen.

3. Das Gleichgewicht zwischen Cholesterin und Cholesterinestern ist im intermediären Stoffwechsel gestört, so daß für den Transport von größeren Cholesterinmengen nicht ge-

nügend Ester gebildet werden können und das freie Cholesterin sich in großen Mengen anhäuft. Eine derartige Störung mit Anhäufung von freiem Cholesterin und Zurückgehen des Estercholesterins wird durch Blutuntersuchungen offenbar. Wahrscheinlich wird bei dieser Art der Störung auch gleichzeitig eine Ausscheidungsstörung vorhanden sein, da die Leber sowohl durch Ausscheidung wie durch Esterbildung dieses Gleichgewicht reguliert.

4. Die Möglichkeit einer lokalen Cholesterinanhäufung durch primär degenerative Veränderungen eines Organs und sekundäre Cholesterinverfettung möchten wir nicht in die Betrachtung der intermediären Stoffwechselerkrankungen ziehen. Derartige morphologische Erscheinungen gehören zu den degenerativen isolierten Organerkrankungen bei Parenchymschädigungen und Nekrosen. Sie führen zum Unterschied von den echten Cholesterinkrankheiten zu keinen eindeutigen Veränderungen im Cholesterin- und Cholesterinestergleichgewicht und nur zu einer relativ geringen Anhäufung von Gesamtcholesterin im Serum.

Betrachten wir die klinischen Bilder der Störungen, die wir auf Anhäufungen von Cholesterin im Organismus zurückführen, so ist die *essentielle Xanthomatose* die relativ häufigste Störung des Cholesterinstoffwechsels. Sie kommt bei allen Rassen und in jedem Alter vor. Das weibliche Geschlecht ist häufiger befallen als das männliche. Die Xanthomatose ist eine ausgesprochen erbliche Erkrankung, die sich dominant fortpflanzt. Die häufigste Form des Xanthoms ist ein kleiner, acneähnlicher gelber Knoten, der sich in der Haut, der Schleimhaut der Luftwege, des Verdauungstraktes, an den serösen Häuten und an den Gallenwegen findet. Die bis zu hühnereigroßen Xanthomknoten an den Fascien, Sehnenscheiden und am Periost, sowie die großen Gebilde an der Dura mater sind nicht prinzipiell, sondern nur in ihrer Größe verschieden von den kleinen Xanthomknötchen der Haut und der Schleimhäute. Die Xanthomatose mit kleinen Knötchen ist relativ häufig, das Vorkommen großer tophusartiger Xanthomknoten an den Sehnen und Fascien ist außerordentlich selten. Man hat den Eindruck, daß die kleinen Xanthomknoten eruptiv bei plötzlich einsetzenden Störungen des Chole-

sterinstoffwechsels auftreten, während die seltenen großen
Knoten ein Zeichen einer sich lange hinziehenden chronischen
milderen Verlaufsform dieser Krankheit entsprechen. Für die
kleinen Knötchen in der Haut sind die Augenlider, die Ell-
bogen- und Glutealregion die bevorzugten Stellen für die
Entstehung der Knötchen. Die großen Knoten lokalisieren
sich an der *Innenseite* der Achillessehne, an der Fascie des
Ellenbogens und an den Sehnenscheiden der Hand.

Das mikroskopische Bild dieser Knoten ist charakterisiert
durch große Zellen, die nach Fixation mit Alkohol vakuoli-
siert erscheinen, da durch Alkohol die Sterinmassen heraus-
gelöst werden. Diese großen vakuolisierten Zellen werden als
Schaumzellen bezeichnet. Untersucht man die Knötchen ohne
Alkoholfixation, so ist in den großen aufgeblähten Zellen reichlich doppelbrechende Substanz festzustellen. Diese Doppel-
brechung ist im wesentlichen durch Cholesterinester bedingt.

Dieses einheitliche Bild des Xanthomknotens ist in späteren
Stadien durch sekundäre Veränderungen verwischt. Fibro-
blasten und histiocytäre Elemente, auch Rundzellen und
eosinophile Zellen wandern ein. Es kommt zu proliferativen
Veränderungen an den Gefäßen, so daß das ganze Bild mehr
einem Granulom als einem Xanthom ähnelt. Das Auftreten
von Fremdkörperriesenzellen macht die Erkennung in späteren Stadien noch besonders schwierig. Eine eindeutige
Feststellung ist nur dann möglich, wenn neben fibrösgranulo-
matösem Gewebe noch Schaumzellen erkennbar sind. Für
den Kliniker ist besonders wichtig, eine derartige Umwandlung des ursprünglich xanthomatösen Gewebes in ein granulo-
matöses Gewebe zu kennen, um die im Verlaufe einer Xanthomatose auftretenden schweren Organstörungen zu begreifen.
Ist der Sitz eines Xanthoms z. B. im Pankreas oder in der
Leber, so kann bei jahrelangem Bestehen dieser Erkrankung
für den Kliniker lediglich die Organerkrankung im Sinne eines
Diabetes oder im Sinne einer Cirrhose diagnostizierbar sein,
und auch der Obduzent wird nur bei sorgfältigster Untersuchung die richtige Ätiologie des im Endstadium als gewöhnliche Cirrhose imponierenden Gewebes als primäre Xanthomatose erschließen können. Hier kann nur eine frühzeitige
Untersuchung des Blutes, die eine Anhäufung des Cholesterins

offenbart, dem Kliniker einen Hinweis auf die Ätiologie der Erkrankung geben.

Einfacher liegt die Diagnosestellung bei der eruptiven Form der Xanthomatose, bei der an allen möglichen Körperstellen an der Haut die charakteristischen acneähnlichen Xanthomknoten auftreten. Diese Knoten können wieder verschwinden, um plötzlich an einer anderen Stelle wiederzukehren. Besonders bei Jugendlichen wird diese Form der Krankheit beobachtet. Sie führt meist auch zu einer allgemeinen Xanthosis. Handinnenfläche und Fußsohlen sind ähnlich der diabetischen Xanthosis verfärbt. Diese Verfärbung verursachen die den Carotinoiden zugehörigen Lipochrome, welche die Fettstoffe begleiten. Das eruptive Xanthom kann eine ganz passagere Erscheinung einer vorübergehenden Störung sein. Meist ist es aber der Ausdruck des Beginnens einer verhältnismäßig rasch ablaufenden zu schweren Veränderungen innerer Organe führenden Stoffwechselstörung. Die jugendlichen Patienten magern ab, werden anämisch. Bei den meisten Kindern kommt es zu endokrinen Störungen des Wachstums. Es kommt auch zu anderen endokrinen Störungen, die sich in Glucosurie und Polyurie äußern. Bei anderen Kranken treten die endokrinen Symptome zurück. Das Bild der Lebercirrhose mit Milzvergrößerung beherrscht das Krankheitsbild.

Dieser symptomenreiche Verlauf ist verständlich, da sich das Xanthom und die aus dem Xanthom resultierenden granulomatösen Veränderungen wechselweise an endokrinen Organen und an Leber und Milz abspielen können, so daß bei fehlenden Hautsymptomen lediglich das klinische Bild einer Organstörung in Erscheinung tritt. In den seltenen Fällen, in denen eine Lebercirrhose auf xanthomatöser Basis beschrieben ist, ich erwähne nur die interessanten Befunde von CHVOSTEK, wird die klinische Diagnose der xanthomatösen Erkrankung durch den entstehenden Ikterus erschwert.

Für den Kliniker ist die Frage von großer Bedeutung, ob Xanthomknoten nur bei primären Störungen des Sterinstoffwechsels vorkommen oder ob diese Knoten auch symptomatisch bei Lipämien anderer Ursache auftreten können. Man ist bisher geneigt gewesen, das diabetische Xanthom

als eine derartige symptomatische Xanthombildung aufzufassen. Man glaubte, daß das diabetische Xanthom der Haut,
weil es vorübergehend ist, und weil es manchmal gleichlaufend
mit einer Lipämie auftritt, als gleichsinnigen Ausdruck des
verstärkten Fetttransportes deuten zu können. Überlegen
wir uns aber, daß das diabetische Xanthom außerordentlich
selten ist, die diabetische Xanthosis, die diffuse Verfärbung
der Haut, aber bei Diabetikern sehr häufig, so ist schon
daraus zu erkennen, daß beide Erscheinungen diagnostisch
nicht gleichsinnig zu werten sind. Die *Xanthosis* beim Dia-
betiker ist bei den *schweren Diabeteskranken* vorhanden. Das
seltene *diabetische Xanthom* finden wir bei *leichten* Diabetikern.
Die Xanthosis ist immer der Ausdruck einer Fettwanderung
mit Lipämie. Bei dem diabetischen Xanthom aber ist eine
gleichzeitige Lipämie nicht unbedingte Voraussetzung. Es
scheint mir aus diesen Gründen sehr wohl möglich, daß das
diabetische Hautxanthom nicht das Begleitsymptom einer
gewöhnlichen diabetischen Störung ist, sondern daß das
Xanthom der Haut als gleichsinnig mit einer xanthomatösen
Veränderung des Pankreas zu setzen ist. Es wäre also
die Störung des Cholesterinstoffwechsels, welche gleichzeitig
zur Xanthombildung im Pankreas und in der Haut führt,
die Ursache des Diabetes und nicht der Diabetes die Ursache
eines symptomatischen Xanthoms. Aus dieser Überlegung
möchte ich überhaupt die sekundären Xanthombildungen
ablehnen und möchte annehmen, daß alle Xanthomatosen auf
eine einheitliche Ursache, auf eine Störung des Cholesterinstoffwechsels, zurückgehen, die sich in Xanthomzellbildung
offenbart.

Eine besondere Form der Xanthomatose ist durch die
Lokalisation des xanthomatösen Gewebes in den Knochen
bedingt. Diese Form der Xanthomatose ist zuerst von HAND
beobachtet und in der Literatur als *Schüller-Christiansche
Krankheit* beschrieben. Bei der Schüller-Christianschen
Krankheit kommt es durch die Lokalisation des xanthomatösen Gewebes am knöchernen Schädel zu Funktionsstörungen
der Hypophyse. Sei es, daß die xanthomatösen Massen direkt
in die Hypophyse hineinwuchern, sei es, daß xanthomatöse
Geschwülste durch mechanische Behinderung Funktionsaus-

fälle auslösen. Aus diesem Grunde sind Diabetes insipidus, Wachstumsstörungen, Dystrophia adiposogenitalis Symptome der Schüller-Christianschen Krankheit. Anhäufung xanthomatösen Gewebes in der Orbita führt zum Exophthalmus, xanthomatöse Veränderungen an den Knochen des Felsenbeines unter Umständen zur Taubheit, Veränderungen am Kiefer zu Zahnausfällen und sekundär zu schweren Stomatitiden. In der Mehrzahl der Fälle der noch spärlich vorliegenden Literatur über die Schüller-Christiansche Krankheit ist die Lokalisation der Xanthome am Knochengewebe die Ursache eines scheinbar einheitlichen klinischen Krankheitsbildes, das sich am knöchernen Skelet abspielt. Es sind aber auch Zustände von Schüller-Christianscher Krankheit beschrieben, bei denen nicht nur das Knochensystem, sondern auch die Haut und innere Organe Xanthome zeigen. Diese Fälle weisen darauf hin, daß die Schüller-Christiansche Krankheit sich nur durch die Lokalisation des xanthomatösen Gewebes am Knochengewebe von den anderen xanthomatösen Erkrankungen unterscheidet und wahrscheinlich gleichsinnig mit den anderen Xanthomatosen als Störung des Sterinstoffwechsels anzusprechen ist. Die bei Schüller-Christianscher Krankheit bisher nur in wenigen Fällen durchgeführte Cholesterinbestimmung im Blut zeigt eine Erhöhung des Gesamtcholesterins. Eine Differenzierung in freies und Estercholesterin im Serum ist bei keinem der bisher veröffentlichten Fälle durchgeführt worden. Lediglich die post mortem-Untersuchungen der großen Xanthommassen zeigen nach EPSTEIN und LORENZ eine *Anhäufung von Estern.* Das Verhältnis von freiem und Estercholesterin in den Xanthomknoten ist 1 : 4,7. *Die Ester überwiegen also nahezu um das Fünffache.* Es ist anzunehmen, daß künftige Untersuchungen des Serums bei Schüller-Christianscher Krankheit erweisen werden, daß die Hypercholesterinämie im wesentlichen durch Anhäufung von Cholesterinestern bedingt ist. Die Feststellung, daß bei Schüller-Christianscher Krankheit in den Xanthomknoten die Ester überwiegen, bestärkt die vorgetragene Ansicht, daß die Schüller-Christiansche Krankheit sich nur durch die Lokalisation von den anderen Xanthomatosen unterscheidet.

Fragen wir uns nun, welcher Art die Stoffwechselstörung bei den Xanthomatosen ist, so liegt bisher nur ein eindeutiger Stoffwechselversuch vor, der von SCHÖNHEIMER an einer Patientin an meiner Klinik durchgeführt wurde[1].

Die 29jährige Patientin bemerkte bereits mit 14 Jahren Knoten an den Strecksehnen der Hände und größere Knoten an beiden Achillessehnen, die im Laufe der Jahre sich vergrößerten. Mit 20 Jahren wurde eine sogenannte Schokoladencyste entfernt, in der bei der histologischen Untersuchung durch Geh.-Rat ASCHOFF Cholesterinablagerungen gefunden wurden. Die von der Operation verbleibende Narbe am Bauch zeigte xanthomatös verändertes Bindegewebe. Außer dieser xanthomatösen Veränderung der Bauchnarbe finden sich jetzt noch Xanthomknoten an den Sehnenscheiden beider Hände, an beiden Ellenbogen kirschkerngroße Tumoren, die mit der Tricepssehne zusammenhängen. Zwischen Achillessehne und Calcaneus taubeneigroße Tumoren.

Die erste Blutuntersuchung zeigte stark gelbes Serum, die Bilirubinwerte waren nicht vermehrt, der *Gesamtcholesteringehalt betrug 852 mg %, davon 50 mg % freies Cholesterin und 802 mg % Estercholesterin.* Die Zunahme des Gesamtcholesterins war also lediglich durch eine Vermehrung der Ester bedingt. Die Patientin wurde auf eine reine Pflanzendiät gesetzt (s. Tabelle 1). Diese Kost enthielt nur pflanzliche Sterine, die nicht zur Resorption kommen. Die Kost war mit reinster Pflanzenmargarine (Tomor) und Olivenöl zubereitet, um jedwedes tierisches Cholesterin, das in tierischen Fetten und Butter enthalten ist, zu vermeiden. BARREDA zeigte an meiner Klinik, daß bei normalen Versuchspersonen, die auf diese cholesterinfreie Pflanzenkost längere Zeit gesetzt wurden, nur ein unbedeutendes, innerhalb physiologischer Breite liegendes Zurückgehen des Gehaltes an Sterinen im Blut feststellbar ist.

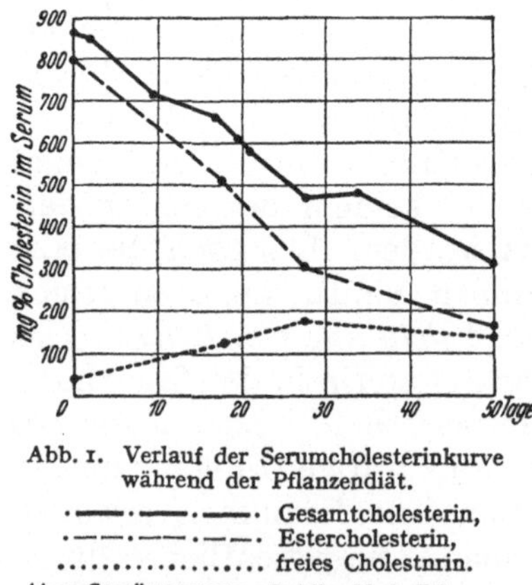

Abb. 1. Verlauf der Serumcholesterinkurve während der Pflanzendiät.

·———·———·——· Gesamtcholesterin,
·——·——·——· Estercholesterin,
················· freies Cholestnrin.

(Aus SCHÖNHEIMER, Z. klin. Med, Bd. 123, (1933) S. 759.)

---

[1] SCHÖNHEIMER: Z. klin. Med. Bd. 123 (1933) S. 749.

Im Stoffwechselversuch mit einer solchen Kost mußte sich entscheiden, inwieweit die Sterine durch einen Mangel an Zufuhr von außen absinken und inwieweit eine Ausscheidung von Koprosterin parallel mit einem Absinken im Serum einhergeht. SCHÖNHEIMER hat im Kot der Patientin, weder in der Vorperiode, in der eine cholesterinhaltige Kost gegeben wurde, noch während der pflanzlichen Diät, die eine cholesterinfreie Diät ist, nur Spuren von freiem Cholesterin und ganz geringe Mengen von Koprosterin nachweisen können. Die Patientin konnte demnach Cholesterin zur Resorption, aber nur ungenügend zur Ausscheidung bringen. Die in dem Kot vorhandenen Sterine waren nach den Untersuchungen SCHÖNHEIMERs Gemische von hydrierten und nicht hydrierten nicht zur Resorption gelangten Phytosterinen. Überraschend verlief die Kurve des Serumcholesterins während des 50tägigen Versuchs. *Die Hypercholesterinämie ging von 852 mg % auf 300 mg % zurück. Die Relation des freien Cholesterin zu den Cholesterinestern, die im Anfang 50:802 war, änderte sich auf 120 mg % freies Cholesterin und 180 mg % Estercholesterin.*

Rechnet man das Serum zu 4 l, so kreisen am Anfang des Versuchs 8,5 mal 4 = 34 g im Serum. Am Ende der Periode sind bei einem Cholesteringehalt von 300 mg % noch 12 g Sterine vorhanden. Es sind also etwa 20 g aus dem Blute während der Zeit der Pflanzendiät verschwunden, ohne daß sie im Kot in Erscheinung getreten sind. Aus diesen Versuchsdaten SCHÖNHEIMERs kann man mit großer Wahrscheinlichkeit den Schluß ziehen, daß diesem bilanzmäßig untersuchten Zustandsbild einer knotigen Xanthomatose eine Ausscheidungsstörung für Cholesterin zugrunde liegt. Die Patientin kann wohl Cholesterin aus dem Darm resorbieren, sie vermag aber trotz der hohen Blutkonzentration sowohl in der Vorperiode mit cholesterinhaltiger Nahrung als auch in der Periode der cholesterinfreien Ernährung nur ungenügende Mengen Cholesterin auszuscheiden.

SCHÖNHEIMER zieht aus der Tatsache, daß während der pflanzlichen Diät 20 g Sterine aus den Säften verschwunden sind, ohne im Kot wieder aufzutreten, den Schluß, daß Cholesterin im intermediären Stoffwechsel abgebaut werden kann, eine Vermutung, die neuerdings durch PAGE und MENTSCHIK

auf Grund von Tierversuchen ebenfalls geäußert wird. Ich
möchte dieser bestechenden Deutung nicht ohne weiteres zu-
stimmen. Wir können vorläufig nur sagen, daß eine ganz
erhebliche Menge von Cholesterin aus den Säften verschwin-
det, ohne mit unseren Methoden nachweisbar zu sein.

Eine Tatsache aber ist durch die analytischen Resultate
SCHÖNHEIMERs an unserer gemeinsamen Patientin festgestellt,
daß bei dieser Form der knotenförmigen Xanthombildung
eine Cholesterinretention vorliegt, die durch eine Ausscheidungsstörung bedingt ist. Als besonders bemerkenswert für
eine derartige Ausscheidungsstörung ist die Tatsache, daß
bei intakter Leber, d. h. solange die Xanthomatose die Leber
nicht befällt, das Cholesterin in Esterform im Serum retiniert
wird, und wie aus den Untersuchungen von EPSTEIN und
LORENZ bei Schüller-Christianscher Krankheit hervorgeht,
auch in den Knoten im wesentlichen als Ester gespeichert
wird. Derartige Patienten verhalten sich wie Herbivoren, die
tierisches Cholesterin wohl resorbieren, aber nur ungenügend
ausscheiden können. Bei der Schüller-Christianschen Krankheit der Kinder, die in den späteren Lebensjahren verschwin-
det, dürfte wohl das Cholesterinausscheidungsvermögen des
Organismus (vielleicht auch der Abbau?) im Kindesalter noch
nicht voll im Gang sein und zur Cholesterinretention führen.

Ich hatte in allerletzter Zeit gemeinsam mit W. SCHILLING[1] Ge-
legenheit, eine 36 jährige Patientin zu untersuchen, die das Bild einer
schweren Lebercirrhose bot. Die Patientin ist in den zwei Jahren
unserer Beobachtung immer gelb gewesen. Die Leber war immer
gleichbleibend stark vergrößert und überragte den Rippenbogen um
$1—1^1/_2$ Handbreit. Die Milz war ebenfalls stark vergrößert. Um die
Augen und im ganzen Gesicht, wechselnd auch am Bauch, sind
flächige Xanthombildungen deutlich, die sich in ihrer weißlich-gelben
Farbe von dem dunkelgrün-gelben Ikterus abheben. *Die Blutuntersuchung ergab 576 mg % freies Cholesterin und 81 mg % Estercholesterin.* Das Verhältnis der Relation des freien und Estercholе-
sterin ist entgegengesetzt dem vorigen Fall. *Dort* im wesentlichen
Esterretention, hier Retention von freiem Cholesterin.

Es gibt somit zwei Arten von Cholesterinämien, besser wohl
Sterinämien: Cholesterinesterämien und *Cholesterinämien.*

Wir setzten die Patientin auf die gleiche cholesterinfreie Pflanzendiät, die wir bei den Untersuchungen des vorigen Falles gereicht

---

[1] Ausführliche Veröffentlichung durch W. SCHILLING.

haben. Die Cholesterinwerte des Serums sanken während einer 28 tägigen Untersuchungsperiode auf *132 mg % freies Cholesterin und 20 mg % Estercholesterin* ab. Es waren also auch hier etwa 20 g aus dem Blute verschwunden (Abb. 2). Die gleichlaufende Untersuchung des Kotes zeigte nur Spuren von Koprosterin und kein freies Cholesterin. Auch bei diesem Fall bestand eine eindeutige Ausscheidungsstörung für Cholesterin. Die Leber, welche von Herrn Geh. Rat Aschoff untersucht wurde, zeigte das Bild einer cirrhotischen Veränderung mit reichlichen Xanthomzellen, wie sie Chvostek in seinem Fall von Xanthombildung mit Ikterus beschrieben hat. Die flächigen Xanthome der Haut konnten aus äußeren Gründen nicht untersucht werden.

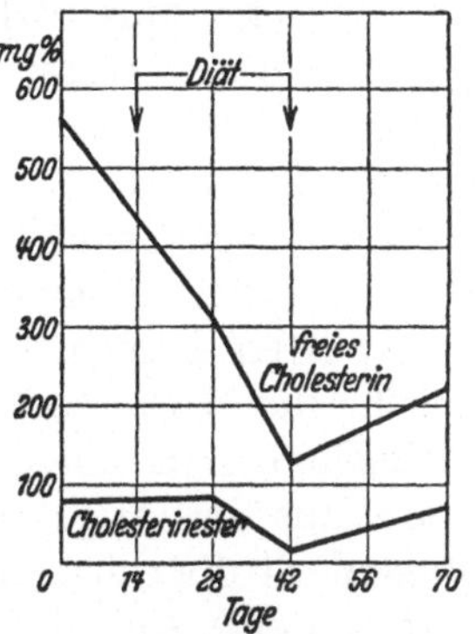

Abb. 2. Verlauf der Serumcholesterinkurve während der Pflanzendiät.

Diese beiden untersuchten Fälle von Xanthomatose stimmen darin überein, daß sie sehr hohe Gesamtcholesterinwerte im Serum zeigen. Bei einer sterinfreien Pflanzendiät sinken in beiden Fällen die Cholesterinwerte nahezu zur Norm. Es verschwinden erhebliche Mengen von Sterinen aus den Säften, ohne daß die Cholesterinausscheidung in den Faeces ansteigt. In beiden Fällen konnten nur so geringe Mengen von ausgeschiedenem Cholesterin gefunden werden, daß sie kaum wägbar waren. Lediglich die mit der Nahrung gereichten Pflanzensterine finden sich im Kote wieder. Es darf wohl mit Recht angenommen werden, daß in beiden Krankheitszuständen der Cholesterinanhäufung in den Säften und der gleichsinnigen Xanthombildung eine Ausscheidungsstörung des Cholesterins zugrunde liegt. *Verschieden ist* in beiden Krankheitsfällen *die Relation des freien Cholesterins zum Estercholesterin* im Blute. Während wir im ersten Fall die Hypercholesterinämie im wesentlichen durch die Ester bedingt sehen, ist im zweiten Fall die beträchtliche Hypercholesterinämie fast ausschließlich durch Vermehrung des freien Cholesterins bedingt. Man möchte glauben, daß diese Verschiedenheit der Cholesterin-Cholesterinesterrelation uns nicht berechtigt, für beide Zustandsbilder eine Störung der Cholesterinausscheidung anzunehmen. Ich glaube aber auf Grund meiner früheren Untersuchungen eine Deutung dieser Befunde geben zu können, die trotz der Verschiedenheit des analytischen Cholesterinbefundes doch an der einheitlichen Ätiologie beider Krankheitsbilder festhalten läßt. THANNHAUSER und SCHABER haben erstmals gezeigt, daß das Verhältnis Cholesterin-Cholesterinester im Blut im Falle einer Leberparenchymschädigung sich zuungunsten der Ester ändert. Je schwerer die Parenchymschädigung der Leber, desto weniger Ester sind im Blut. Wir sprechen dann von einem „Estersturz". THANNHAUSER und SCHABER haben auf Grund dieser Untersuchungen der Leber eine entscheidende Rolle für das Gleichgewicht: Cholesterin-Cholesterinester in den Säften beigemessen. Neuerdings ist diese Auffassung durch die Untersuchungen EPSTEINs bei der Niemann-Pickschen Krankheit von der anatomisch-morphologischen Seite aus bestätigt worden. Nehmen wir auf Grund der obigen Stoffwechseluntersuchungen an, daß bei Xanthomatosen eine Ausscheidungsstörung des Cholesterins auftritt, so ist bei Xanthomen der Haut, der Sehnen und auch bei Xanthomen im Schüller-Christianschen Komplex die Hauptmenge des retinierten Cholesterins als Ester vorhanden. Betrifft aber das Xanthom auch die Leber und erzeugt im Verlauf der Krankheit eine schwere funktionelle Schädigung und Funktionsausfälle der Leber, so wird wie bei allen anderen parenchymatösen Veränderungen der Leber nichtxanthomatöser Natur die Funktion der Leber, Cholesterin zu verestern, leiden, und das durch die Ausscheidungsstörung retinierte Cholesterin wird nicht mehr als Ester, sondern als freies Cholesterin in Erscheinung treten. In den beiden beschriebenen Krankheitszuständen ist nach unserer Ansicht eine Ausscheidungsstörung vorhanden. Bei der zweiten Kranken betrifft die Xanthombildung auch die Leber und löst dadurch eine Funktionsstörung aus, die in dem retinierten Cholesterin die Relation Cholesterin zu Cholesterinester im Sinne einer Verminderung des Estercholesterins bewirkt. Die Cholesterinretention erfolgt nunmehr in Form von freiem Cholesterin.

Wir möchten glauben, daß den meisten Xanthomatosen eine Ausscheidungsstörung des Cholesterins zugrunde liegt. Bei intakter Leber kreist bei dieser Krankheit das Cholesterin in den Säften im wesentlichen als Ester! Greift die xanthomatöse Veränderung auch auf die Leber über, so wird je nach der Schwere der Leberschädigung und der Dauer der Lebererkrankung die Veresterung des durch die Grundkrankheit retinierten Cholesterins nunmehr ungenügend erfolgen, es wird im wesentlichen freies Cholesterin retiniert!

In neuerer Zeit versuchte man, auf den Untersuchungen BÜRGERs fußend, durch eine Cholesterinbelastung Störungen der Resorption und Ausscheidung der Sterine nachzuweisen. Der Belastungsversuch BÜRGERs geschieht durch orale Gabe von 5 g Cholesterin in 100 g Olivenöl gelöst. Nach BÜRGER soll diese Belastung beim stoffwechselgesunden Menschen ein Ansteigen der Serumcholesterinwerte auf das Doppelte bewirken. BARREDA hat an meiner Klinik an 28 zum größten Teil gesunden Versuchspersonen die Bürgersche Cholesterinbelastung in ihrer Auswirkung auf das Blutcholesterin nachgeprüft. Wir konnten weder beim Gesunden noch beim Kranken irgendwelche Ausschläge, die über 10% hinausgingen und verwertbar wären, nachweisen. Bei einwandfreien Cholesterinbestimmungen scheint uns der Belastungsversuch nach BÜRGER keine Methode zu sein, um aus der Blutcholesterinkurve irgendwelche Rückschlüsse auf den Cholesterinstoffwechsel zu ziehen. Vorläufig erlaubt nur der Bilanzversuch mit gleichzeitigen Cholesterin- und Cholesterinesterbestimmungen im Serum irgendwelche Rückschlüsse auf den Cholesterinstoffwechsel.

Die Dauer und der Verlauf der Xanthomatosen ist in der vorliegenden Literatur unterschiedlich angegeben. Es werden Fälle beschrieben, die ausheilten, und Krankheitszustände, die rasch zum Tode führten. Der Verlauf hängt wesentlich davon ab, welche Organe von der cholesterinzelligen Lipomatose befallen sind.

Therapeutisch empfiehlt ROWLAND cholesterinarme Kost. Die von uns durchgeführte Ernährung mit *nur* Pflanzensterine enthaltender vegetarischer Kost scheint eine nutzbringende Bereicherung der Therapie der Xanthomatosen zu sein. Sie wird aber bei *den* Krankheitszuständen versagen, bei denen die xanthomatöse cholesterinzellige Lipoidose lebenswichtige Organe betroffen und so weitgehend verändert hat, daß anatomische Veränderungen im Sinne eines Lipoidgranuloms und bindegewebige Veränderungen vorhanden sind. Die sterinhaltigen Schaumzellen können bei den Xanthomatosen in allen Organen auftreten und zu Krankheitserscheinungen führen, die symptomatisch für das befallene Organ charakteristisch sind. Wir geben hier ein Beispiel unserer Kost.

Beispiel einer Tageskost.

Morgens: Schwarzer Tee ohne Milch. Knäckebrot oder Toast mit Orangenmarmelade oder Honig.

Zweites Frühstück: Rohes oder gekochtes Obst, meist Äpfel oder Birnen.

Mittagessen: 200—250 g Gemüse aller Sorten: Blumenkohl, Rosenkohl, Rotkohl, Wirsing, Kohlrabi, Schwarzwurzeln, Selleriegemüse, Spinat, Spargel, Artischocken, Kastanien, Erbsen, grüne Bohnen, Champignon.

Die Gemüse wurden kräftig mit Muskatnuß, Sellerie, Lauch, Zwiebeln usw. gewürzt und mit 40 g Tomor-Margarine abgeschmelzt. Dazu wurden Knäckebrot und verschiedene Salatsorten gereicht, die mit Olivenöl und Citronensaft angerichtet sind. Als Nachtisch diente Kompott: Äpfel, Mirabellen, Erdbeeren usw.

Nachmittags: Wieder Tee ohne Milch, Knäckebrot oder Toast mit Orangenmarmelade oder Honig.

Abendessen: Das Abendessen war unter Berücksichtigung der nötigen Abwechslung prinzipiell gleich zusammengestellt wie die Mittagsmahlzeit.

Fleisch, Eier, Milch und jede Art von Milchprodukten sind bei der ganzen Kost auf das Strengste zu vermeiden. Die Calorienzufuhr wird in der Hauptsache durch Öl und Margarine gedeckt. Es werden zum Anrichten der Gemüse und Salate Margarine und Öl im Nährwert von etwa 1300 Calorien täglich verabreicht. Für jede Gemüseportion wird ferner etwa 15 g Weizenmehl verwendet.

Bei der zweiten uns bekannten Lipoidose, dem *Morbus Gaucher*, werden Einlagerung von Lipoidsubstanzen in der Zelle zur Krankheitsursache. Im Gegensatz aber zu den Xanthomatosen betrifft diese Lipoideinlagerung nach den bisherigen Feststellungen nur die Reticulumzellen und die Reticuloendothelien der blutbildenden Organe. Nach den Untersuchungen von LIEB und EPSTEIN ist das Lipoid, welches in den Reticulumzellen zur Speicherung gelangt, im wesentlichen ein Cerebrosid, das Cerasin. In geringer Menge kommt auch Cerebron, welches sich nur durch die mit dem Sphingosin amidartig verkettete Fettsäure, der Oxylignocerylsäure, vom Cerasin unterscheidet, vor. Cerebroside sind Galaktoside von Ceramiden, die durch Glucosidbildung aus Ceramiden entstehen.

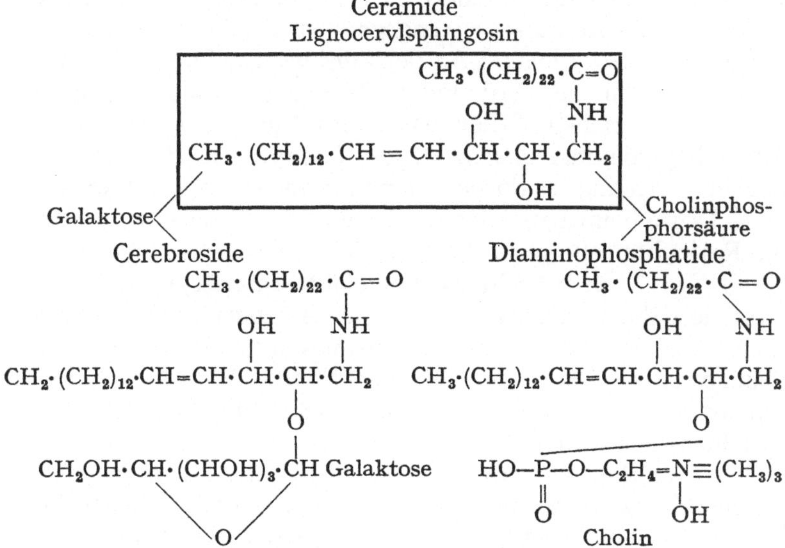

Meine Mitarbeiter FRÄNKEL und F. BIELSCHOWSKY haben gefunden, daß in der normalen Leber Ceramide in nicht geringer Menge vorkommen, während nur ganz geringe Mengen von Cerebrosiden in der gesunden Leber gefunden werden. Die gleiche Feststellung konnte TROPP an meiner Klinik für die Milz und Lunge erheben. Der Menge nach scheint das Lignocerylsphingosin nur in den an Reticulumzellen reichen Organen vorzukommen. Es wird interessant sein, auch beim Morbus Gaucher die Relation von Ceramiden und Cerebrosiden in diesen Organen zu wissen. Es ist nach den bisher vorliegenden Untersuchungen von LIEB und EPSTEIN über die Menge des Cerasins nicht unwahrscheinlich, daß die Relation zwischen Lignocerylsphingosin und Cerebrosiden stark nach der Seite des Cerebrosids, des Cerasins, sich verändert finden wird. Es ist sogar wahrscheinlich, daß das Wesen der Krankheit darauf beruht, daß die Relation zwischen Cerebrosiden und Ceramiden gestört ist.

Das Krankheitsbild ist klinisch durch eine besonders starke Vergrößerung der Milz, eine Vergrößerung der Leber und eine Vergrößerung der abdominellen und intrathorakalen Lymphdrüsen charakterisiert. Die Lymphdrüsen am Hals, an Achselhöhlen und Leistengegenden scheinen weniger in Mitleidenschaft gezogen. An der Conjunctiva findet sich eine pingueculaähnliche Verdickung, die ein gelbbraunes Kolorit zeigt. In manchen Fällen wurde im Blut Leukopenie und Thrombopenie mit gleichzeitiger Neigung zur Blutung beobachtet. Gelingt es durch Milzpunktion oder durch Excision einer Drüse beim Lebenden die Diagnose zu erhärten, so zeigt die Reticulumzelle ganz charakteristische Veränderungen, die sie als Gaucherzelle leicht erkennen läßt. Im frischen Präparat imponiert die Gaucherzelle als große homogene mehrkernige Zelle. Sie erinnert in diesem Zustand infolge ihres matten Glanzes an eine amyloide Scholle. Nach Alkoholfixation erscheint sie spinngewebsartig von Fibrillen durchzogen. Man spricht von einem knittrig, wolkigen Aussehen.

Die Krankheit beginnt meistens als isolierte Splenomegalie. In der Mehrzahl der beobachteten Fälle entwickelt sich das Leiden so schleichend, daß die Krankheit selbst dem Patienten unbemerkt bleibt und erst gelegentlich einer ärztlichen Untersuchung durch die große Milz festgestellt wird.

Man unterscheidet drei Stadien der Krankheit, ein erstes Stadium mit Milzvergrößerung, bei dem sich der Patient gesund und leistungsfähig fühlt, ein zweites Stadium, bei dem die Leber in Mitleidenschaft gezogen wird, ein bräunliches Pigment auftritt und drückende Schmerzen im Oberbauch, wahrscheinlich durch Verdrängungserscheinungen, auftreten. Die Milz kann in diesem Stadium sehr groß werden. Gewichte bis 8 kg wurden beobachtet. Das dritte Stadium ist gekennzeichnet durch die Auswirkung der Krankheit auf das Blutbild. Infolge der Thrombopenie kommt es zu Blutungen aus Zahnfleisch, Mund, Lunge, Magen-Darm-Kanal. Bei Frauen treten schwere Metrorrhagien auf. Die Form der mit Leukopenie und Thrombopenie einhergehenden Anämie ist eine hyperchrome Anämie. Eine besondere Form der Krankheit betrifft, ähnlich wie bei den Xanthomatosen, das Skelet. Die Skeletform des Morbus Gaucher ist sehr selten und wurde bisher nur einmal im Leben diagnostiziert. Die Kranken kommen wegen Kompressionsfraktur der Wirbelsäule zum Arzt, die sich röntgenologisch kaum von einer tuberkulösen Caries unterscheidet. Auch Spontanfrakturen am Oberschenkel sind beobachtet. Im Röntgenbild sieht man eine starke Verdickung der Corticalis, gleichlaufend mit einer Erweiterung des Markes. Für die Knochenform des Morbus Gaucher charakteristisch soll das gefleckte Aussehen des unteren Drittels des Oberschenkels im Röntgenbild sein. Auch eine akut verlaufende infantile Form des Morbus Gaucher wird beobachtet. Es scheint aber zweifelhaft, ob diese akut verlaufende Form des Morbus Gaucher nicht zum Krankheitsbild der Niemann-Pickschen Krankheit zu zählen ist.

In der Regel ist der Morbus Gaucher eine chronische Krankheit, die sich ein ganzes Leben hinziehen kann. Die Gefahr des Morbus Gaucher besteht in einem stärkeren Befallensein der Leber. Aus diesem Grunde wird in neuerer Zeit vor der Milzexstirpation gewarnt, da bei Morbus Gaucher nach Entfernung der Milz ein außerordentliches Wachstum der Leber einsetzt, eine Erscheinung, die verständlich ist, da nunmehr im wesentlichen die Reticulumzellen der Leber als Speicherungsorgan in Betracht kommen. Bei den meisten Kranken erfolgt der Tod infolge allgemeiner Kachexie oder infolge der Thrombopenie durch große Blutungen. Es sei hier nochmals hervorgehoben, daß die cerebrosidige Lipoidose, der Morbus Gaucher, sich über das ganze Leben hinziehen kann, eine Tatsache, die dadurch erklärbar ist, daß die betreffenden Reticulumzellen trotz der außerordentlichen Speicherung des Cerebrosids lange Zeit funktionstüchtig bleiben.

Bisher weiß man nicht, welche fermentativen Vorgänge den Aufbau der Cerebroside aus Ceramiden beeinflussen. Man kennt deshalb noch keine ätiologische Therapie beim Morbus Gaucher. Es wird der Stoffwechselforschung vorbehalten bleiben, zunächst die physiologischen Vorgänge der Cerebrosidbildung in den Reticulumzellen aus Ceramiden zu studieren, um dann auf einen krankhaft veränderten Stoffwechsel dieser Körper einwirken zu können.

NIEMANN und vor allen Dingen PICK haben eine Gruppe von Fällen beschrieben, die zunächst zu dem Krankheitsbild des Morbus Gaucher zu gehören schien. Durch die chemischen Untersuchungen von EPSTEIN und LIEB wurde aber gezeigt, daß bei der *Niemann-Pickschen Krankheit* eine von dem Morbus Gaucher vollständig verschiedene Stoffwechselerkrankung vorliegt. Die Niemann-Picksche Krankheit ist durch eine Störung des Gesamtlipoidstoffwechsels bedingt. Die Anhäufung von Phosphatiden in der Leber und im Gehirn läßt diese Krankheit als wesentliche Störung des Phosphatidauf- und -abbaues charakterisieren. Die Phosphatide und die sie begleitenden Fettsubstanzen werden bei der Niemann-Pickschen Krankheit nicht nur in den Reticulumzellen gespeichert, sie werden in alle Organzellen eingelagert und verursachen eine Destruktion des gesamten Gefüges der Zelle. Nach L. PICK repräsentieren sich die erkrankten Organzellen als blasse, auffallend durchscheinende Schaumzellen, deren Inneres von kleinsten Vakuolen erfüllt ist, so daß eine maulbeerartige Struktur bei frisch untersuchten Gefrierschnitten durch die in den Vakuolen befindlichen Tröpfchen in Erscheinung tritt. Nach SMETANA lösen sich die Zellen unter stärkster Blähung auf. Der Kern wird schwächer färbbar. Das Protoplasma zerfließt oder zerfällt. Die destruktive Durchsetzung der Zelle mit Phosphatidmassen macht es verständlich, daß bei der Niemann-Pickschen Krankheit die befallenen Organe im Gegensatz zu den anderen Lipoidosen rasch zugrunde gehen und der Tod schon in den ersten Lebensjahren erfolgt. Nach den Untersuchungen von EPSTEIN sind alle Phosphatide, gesättigte und ungesättigte, an der Erkrankung beteiligt. Es wäre interessant festzustellen, ob die Diaminophosphatide, die sich ebenfalls von den Ceramiden durch Veresterung mit Cholinphosphorsäure ableiten, wesentlich bei dieser Krankheit vermehrt sind. Die bisherigen Feststellungen EPSTEINs sprechen lediglich von gesättigten, alkohollöslichen Phosphatiden. Die Frage nach der Beteiligung der Diaminophosphatide scheint mir vom pathogenetischen Standpunkt aus wissenswert, da man sich vorstellen kann, daß von einem Grundkörper, dem Lignocerylsphingosin, sowohl eine glucosidische Bindung zu den Cerebrosiden wie eine Veresterung mit Cholinphosphorsäure zu den Diaminophosphatiden führen kann. Es wäre verlockend zu vermuten, daß Störungen in der Bildung der Cerebroside und Diaminphosphatide aus dem Lignocerylsphingosin die Ursache von derartigen Erkrankungen geben könnte. Besonders bemerkenswert ist die Feststellung von EPSTEIN, daß bei der phosphatidzelligen Lipocidose, der Niemann-Pickschen Krankheit, bei der infiltrativen Durchtränkung der erkrankten Zellen neben anderen Fettstoffen auch die Sterine einen wesentlichen Anteil haben. Während bei der cholesterinzelligen Lipoidose, den Xanthomatosen, in den Xanthomen die Cholesterinester vorherrschen, ist bei der Niemann-Pickschen Krankheit in den Phosphatidablagerungen in der Hauptsache freies Cholesterin vorhanden. EPSTEIN geht auf diese Tatsache ausführlich ein und begründet sie mit der gleichzeitigen Schädigung der Leber durch die phosphatidzellige Lipoidose. Er pflichtet der von THANNHAUSER und SCHABER begründeten Anschauung bei, daß bei Erkrankungen des Leberparenchyms die Ester aus den Säften verschwinden und freies Cholesterin dafür in Erscheinung tritt. Die Anhäufung von freiem Cholesterin in den von der phosphatidzelligen Lipoidose, dem Morbus Niemann-Pick befallenen Organen ist der Ausdruck einer gleichzeitigen schweren Leberschädigung durch die gleiche Grundkrankheit.

Die Niemann-Picksche Krankheit ist fast nur bei ostjüdischen Kindern beobachtet worden. Eine von mir in Düsseldorf gemeinsam mir ECKSTEIN beobachtete Niemann-Picksche Erkrankung betraf ein Kind von nichtjüdischen Eltern. Das weibliche Geschlecht ist viel häufiger erkrankt als das männliche. Meistens scheinen sich die Kinder im ersten halben Jahr normal zu entwickeln. Es kommt aber sehr bald zum Stillstand des Gewichtes. Die Kinder gedeihen nicht mehr. Der Leibesumfang weist den untersuchenden Arzt auf eine außerordentliche Vergrößerung der Milz und Leber hin. Die Untersuchung des Blutes zeigt eine außerordentliche Anhäufung von Lipoiden und Fettstoffen. Nach den bisher vorliegenden Beobachtungen ist eine Diagnose aus den blutchemischen Untersuchungen bei der Niemann-Pickschen Erkrankung nicht gestellt worden, obgleich sie zweifellos durch getrennte Bestimmung der Phosphatide, Sterine und Fette möglich sein wird. Besonders charakteristisch bei den erkrankten Kindern ist eine gelbbraune Verfärbung der Haut. Bei dem von uns beobachteten Fall war auch eine Pigmentierung der Mundschleimhaut und der Zunge genau wie beim Morbus Addison festzustellen. Wahrscheinlich waren in diesem Falle auch die Nebennieren von der phosphatidzelligen Lipoidose befallen. Das Blutbild der erkrankten Kinder zeigt eine leichte Leukocytose und eine auffällige Vakuolisierung der Agranulocyten. Im weiteren Verlauf der Erkrankung entwickeln sich neurologische Symptome. Die Kinder verlernen das Sitzen, sie greifen nicht mehr nach Gegenständen und können nicht fixieren. Augenhindergrundsveränderungen im Sinne einer grauweißen Verfärbung der Retina mit einem kirschroten Fleck an der Macula sind festgestellt worden. Nach einem kurzen hypotonischen Stadium werden die Kinder steif und hypertonisch mit starkem Opistotonus. Auffällig und besonders charakteristisch ist das nahezu vollständige Schwinden des subcutanen Fettgewebes in den letzten Krankheitswochen. Die psychischen Funktionen erlöschen. Die Kinder gehen meist durch einen interkurrenten Infekt kachektisch zugrunde.

Die klinische Diagnose dieser Krankheit wurde bisher durch Milzpunktion gestellt. Es finden sich mit Lipoidtröpfchen durchsetzte Zellen, die im Gegensatz zur Gaucherzelle nicht homogen und nicht schollig sind. Fixiert zeigen sie ein schaumig vakuolisiertes Aussehen und besitzen ein oxyphiles Cytoplasma. Die Hirnpathologen haben bei der sogenannten amaurotischen Idiotie schon früher ebenfalls eine Lipoidzellenverfettung gefunden. MAX BIELSCHOWSKY und L. PICK haben nun neuerdings bei einer von HAMBURGER beobachteten Niemann-Pickschen Erkrankung auch die charakteristischen Veränderungen der amaurotischen Idiotie festgestellt. Diese Autoren weisen auf die Verwandtschaft der Niemann-Pickschen Krankheit mit der amaurotischen Idiotie hin.

Die neuerdings veröffentlichte Untersuchung von EPSTEIN über die phosphatidzellige Verfettung bei der Niemann-Pickschen Krankheit zeigt eindeutig, daß diese Gruppe der Lipoidosen mit Recht von den beiden anderen Erscheinungsformen der Lipoidosen, der cholesterinzelligen Lipoidose, den Xanthomatosen und der cerebrosidzelligen Lipoidose, dem Morbus Gaucher, getrennt wird. Die phosphatidzellige Lipoidose ist der Ausdruck der schwersten Schädigung des Gesamtlipoidstoffwechsels. Die infiltrative, wie EPSTEIN sagt, aggressive Durchtränkung fast aller Organzellen mit Phosphatiden, Cholesterin und anderen Fettstoffen hebt diese seltene Erkrankung in ihrer allgemein patho-physiologischen Bedeutung als die schwerste und deletärste Form der Lipoidosen heraus.

Durch Untersuchungen von FRÄNKEL, F. BIELSCHOWSKY und THANNHAUSER ist aus der Leber und durch TROPP aus der Milz ein Polydiaminophosphatid erhalten worden, das sich aus Lignocerylsphingosin und anderen Ceramiden aufbaut. Während bei der Gaucherschen Krankheit aus dem Lignocerylsphingosin durch glucosidische Bindung mit der Galaktose das Cerasin im Übermaß in diesen Organen entsteht, so könnte bei der Niemann-Pickschen Krankheit durch Veresterung des Cholinphosphorsäureesters mit dem vorgebildeten Lignocerylsphingosin die Phosphatidbildung krankhaft gesteigert sein. Im Zentrum dieser pathogenetischen Betrachtungsweise dürfte das von uns in diesen Organen erstmals gefundene Lignocerylsphingosin und seine Abwandlung einerseits zum Cerebrosid und andererseits zum Diamonophosphatid stehen. Die Organe mit reichlichem Reticuloendothel dürften in hervorragendem Maße an diesem Stoffwechsel beteiligt sein.

Eine ätiologische Erforschung dieser neuen Gruppe der Stoffwechselkrankheiten wird meiner Meinung nach erst dann möglich sein, wenn man die fermentativen Vorgänge, welche normalerweise den Auf- und Abbau der Ceramide zu den Cerebrosiden und Phosphatiden bewerkstelligen, erkannt haben wird.

Berichtigung.

Auf Seite 53 und 54 sind die Bezeichnungen IX und IXα unter den Strukturformeln fortzulassen.

Thannhauser, Stoffwechselprobleme.

Stoffwechsel und Energiewechsel. Gesamtstoffwechsel und Energiewechsel. Intermediärer Stoffwechsel. (Handbuch der normalen und pathologisch. Physiologie, 5. Bd.) Mit 48 Abb. XV, 1325 S. 1928. RM 118.—; geb. RM 126.—*
Gesamtstoffwechsel und Energiewechsel. Aufgabe (Bilanz). Allgemeine Methodik. Elementare Zusammensetzung, Verbrennungswärme und Verbrauch der organischen Nahrungsstoffe. Von M. Rubner-Berlin. — Stoffwechsel bei einseitiger und bei normaler Ernährung. Von A. Bornstein und K. Holm-Hamburg. — Das Eiweißminimum. Von F. Bertram und A. Bornstein-Hamburg. — Gesamtstoffwechsel der Pflanzenfresser. Von F. W. Krzywanek-Leipzig. — Physiologische Verbrennungswerte, Ausnutzung, Isodynamie, Calorienbedarf, Kostmaße. Der Stoffwechsel bei Arbeit. Stoffwechsel bei verschiedenen Temperaturen. Beziehungen zur Größe und Oberfläche. Von M. Rubner-Berlin. — Der Gesamtstoffwechsel im Wachstum. Von P. Grosser-Frankfurt a. M. — Der Stoffwechsel bei psychischen Vorgängen. Der Stoffwechsel bei Anomalien der Nahrungszufuhr. (Hunger, Unterernährung, Überernährung.) Die Pathologie des Gesamtstoffwechsels (mit Ausschluß der inneren Sekretion). Von E. Grafe-Würzburg. — Pharmakologie des Gesamtstoffwechsels. Von A. Bornstein-Hamburg. — Gesamtumsätze bei Pflanzen, insbesondere bei den autotrophen. Von K. Boresch-Prag. — Vergleichende Physiologie des Stoffwechsels. Von H. Jost-Frankfurt a. M. — Intermediärer Stoffwechsel. Physiologie und Pathologie des intermediären Kohlehydratstoffwechsels. Von S. Isaac und R. Siegel-Frankfurt a. M. — Der Aufbau der Kohlehydrate in der grünen Pflanze. Von H. Schroeder-Hohenheim. — Intermediärer Fettstoffwechsel und Acidosis. Von H. Jost-Frankfurt a. M. — Intermediärer Eiweißstoffwechsel. Von O. Neubauer-München. — Stickstoff- und Schwefelassimilation. Von G. Klein-Wien. — Das Verhalten körperfremder Substanzen im intermediären Stoffwechsel. Von K. Fromherz-Basel. — Die Nucleine und der Nucleinstoffwechsel. Von S. J. Thannhauser-Düsseldorf. — Der Cholesterinstoffwechsel. Von E. Leupold-Greifswald. — Die Vitamine. Von W. Stepp-Breslau. — Die Degenerationen und die Nekrose. (Stoffwechselstörungen, Dystrophien.) Von P. Ernst-Heidelberg.

Stoffwechsel und Energiewechsel. Von H. W. Knipping, Hamburg und P. Rona, Berlin. (Praktikum der physiologischen Chemie, 3. Teil.) Mit 107 Textabb. VI, 268 S. 1928. RM 15.—*

Kohlehydratstoffwechsel und Insulin. Von J. J. R. Macleod, Professor der Physiologie an der Universität Toronto (Canada). Ins Deutsche übertragen von Dr. Hans Gremels, Hamburg. (Monographien aus dem Gesamtgebiet der Physiologie der Pflanzen und der Tiere, 12. Bd.) Mit 33 Abb. IX, 381 S. 1927. RM 24.--; geb. RM 25.50*

Die biogenen Amine und ihre Bedeutung für die Physiologie und Pathologie des pflanzlichen und tierischen Stoffwechsels. Von M. Guggenheim. (Monographien aus dem Gesamtgebiet der Physiologie der Pflanzen und der Tiere, 3. Band.) Zweite, umgearbeitete und vermehrte Auflage. VIII, 474 Seiten. 1924. RM 20.—; gebunden RM 21.—*

Histamin. Seine Pharmakologie und Bedeutung für die Humoralphysiologie. Von W. Feldberg und E. Schilf, am Physiologischen Institut der Universität Berlin. (Monographien aus dem Gesamtgebiet der Physiologie der Pflanzen und der Tiere, 20. Band.) Mit 86 Abb. XII, 582 Seiten. 1930. RM 48.—; geb. RM 49.80*

Die Chemie der Cerebroside und Phosphatide. Von H. Thierfelder und E. Klenk, Tübingen. (Monographien aus dem Gesamtgebiet der Physiologie der Pflanzen und der Tiere, 19. Band.) VIII, 224 S. 1930. RM 19.60; geb. RM 21.20*

Die Chemie der Monosaccharide und der Glykolyse. Von Heinz Ohle, Berlin. (Sonderausgabe des gleichnamigen Beitrages in „Ergebnisse der Physiologie", 33. Band.) Mit 7 Abbildungen. IV, 146 Seiten. 1931. RM 7.80

Auf die Preise der vor dem 1. Juli 1931 erschienenen Bücher wird ein Notnachlaß von 10°/₀ gewährt.

Das Permeabilitätsproblem. Seine physiologische und allgemein-pathologische Bedeutung. Von Dr. phil. et med. **Ernst Gellhorn**, a. o. Professor der Physiologie an der Universität Halle a. S. (Monographien aus dem Gesamtgebiet der Physiologie der Pflanzen und der Tiere, 16. Band.) Mit 42 Abbildungen. X, 441 Seiten. 1929. RM 34.—; gebunden RM 35.40*

Die Wasserstoffionenkonzentration. Ihre Bedeutung für die Biologie und die Methoden ihrer Messung. Von **Leonor Michaelis**, New York. Zweite, völlig umgearbeitete Auflage. 1922. Unveränderter Neudruck mit einem die neuere Forschung berücksichtigenden Anhang. Mit 32 Textabbildungen. XII, 271 Seiten. 1927. Gebunden RM 16.50*

Als zweiter Teil der „Wasserstoffionenkonzentration" erschien:

Oxydations-Reductions-Potentiale mit besonderer Berücksichtigung ihrer physiologischen Bedeutung. Von **Leonor Michaelis**, New York. Zweite Auflage. Mit 35 Abbildungen. XI, 259 Seiten. 1933. RM 18.—; geb. RM 19.60

Monographien aus dem Gesamtgebiet der Physiologie der Pflanzen und der Tiere. 1. und 17. Band.

Die Bestimmung der Wasserstoffionenkonzentration von Flüssigkeiten. Ein Lehrbuch der Theorie und Praxis der Wasserstoffzahlmessungen in elementarer Darstellung für Chemiker, Biologen und Mediziner. Von Dr. med. **Ernst Mislowitzer**, Privatdozent für physiologische und pathologische Chemie an der Universität Berlin. Mit 184 Abbildungen. X, 378 Seiten. 1928. RM 24.—; gebunden RM 25.50*

Gewebsproliferation und Säurebasengleichgewicht. Von Dr. **Rudolf Bálint †**, o. ö. Universitäts-Professor, Direktor der I. Med. Klinik der Pázmány Péter-Universität in Budapest, und Dr. **Stefan Weiß**, Assistent der I. Med. Klinik, Budapest. Mit einem Vorwort von Professor Baron A. v. Korányi, Budapest. (Pathologie und Klinik in Einzeldarstellungen, 2. Band.) Mit 59 Abbildungen. VIII, 209 Seiten. 1930. RM 16.80; gebunden RM 18.40*

[W] Die Praxis der Grundumsatzbestimmungen. Von Dr. Viktor Niederwieser, Assistent an der Universitäts-Kinderklinik in Innsbruck. Mit 4 Abbildungen. VIII, 61 Seiten. 1932. RM 4.20

Klinische Gasstoffwechseltechnik. Von Dr. H. W. Knipping, Privatdozent und Dr. H. L. Kowitz, Professor an der Medizinischen Klinik der Universität Hamburg. Mit 72 Abbildungen im Text und auf 2 Tafeln. VI, 193 Seiten. 1928. RM 18.—*

Ein Gaswechselschreiber. Über Versuche zur fortlaufenden Registrierung des respiratorischen Gaswechsels an Mensch und Tier. Von Dr. **Hermann Rein**, o. Professor an der Universität Göttingen, Direktor des Physiologischen Instituts. (Sonderabdruck aus Archiv für experimentelle Pathologie und Pharmakologie, 171. Bd.) Mit 24 Abbildungen. II, 40 Seiten. 1933. RM 4.—